RAPPORT

FAIT LES 4 DÉCEMBRE 1866 ET 8 JANVIER 1867

PAR M. TROUESSART

Professeur à la Faculté des Sciences de Poitiers

A LA SOCIÉTÉ ACADÉMIQUE D'AGRICULTURE, BELLES-LETTRES
SCIENCES ET ARTS DE LA MÊME VILLE

SUR UN OUVRAGE INTITULÉ

QU'EST-CE QUE LE SOLEIL? PEUT-IL ÊTRE HABITÉ?

Par M. Coyteux

RÉPONSE A CE RAPPORT

ET

NOTES CRITIQUES

PAR

F. COYTEUX

POITIERS

IMPRIMERIE DE N. BERNARD
Rue de la Mairie

1867

V

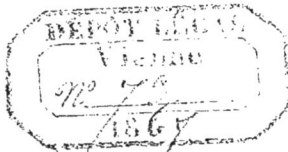

RAPPORT DE M. TROUESSART

RÉPONSE A CE RAPPORT ET NOTES CRITIQUES

(a.)

RAPPORT

FAIT LES 4 DÉCEMBRE 1866 ET 8 JANVIER 1867

PAR M. TROUESSART

Professeur à la Faculté des Sciences de Poitiers

A LA SOCIÉTÉ ACADÉMIQUE D'AGRICULTURE, BELLES-LETTRES
SCIENCES ET ARTS DE LA MÊME VILLE

SUR UN OUVRAGE INTITULÉ

QU'EST-CE QUE LE SOLEIL? PEUT-IL ÊTRE HABITÉ?

Par M. Coyteux

RÉPONSE A CE RAPPORT

ET

NOTES CRITIQUES

PAR

F. COYTEUX

❖

POITIERS

IMPRIMERIE DE N. BERNARD

Rue de la Mairie

—

1867

ERRATA

—

Page 42, 8e ligne, *au lieu de :* refroidie. Il est admissible... *lisez :* refroidie, il est admissible...

Page 47, 19e ligne, *au lieu de :* comme des très-petites planètes... *lisez :* comme de très-petites planètes...

Page 58, 9e ligne, *au lieu de :* des jets ascendants de gaz ou comprimés... *lisez :* des jets ascendants de gaz non comprimés...

Page 83, 35e ligne, *au lieu de :* si elles forment un tout continu avec.., *lisez :* si les particules d'un fluide général forment un plein continu et sans fin avec...

Page 84, 2e ligne de la note, *au lieu de :* du mouvement curviligne... *lisez :* du mouvement curviligne rotatoire d'une partie continue de matière...

Page 86, 10e ligne, *au lieu de :* or le fait de sentir... *lisez :* mais le fait de sentir...

Page 88, 38e ligne, *au lieu de :* étant une substance spirituelle, immaté-rielle .. *lisez :* étant une substance pensante...

Page 89, 23e ligne, *au lieu de :* la opposant raison aux sens... *lisez :* opposant la raison aux sens...

Page 90, 15e ligne, *au lieu de :* plus capables de le comprendre ou du moins de l'accepter... *lisez :* plus capables sinon de le comprendre, du moins de l'accepter...

Page 95, 1re ligne, *au lieu de :* qu'endurent une grande partie de l'hu-manité... *lisez :* qu'endure une grande partie de l'humanité...

RAPPORT

DE

M. TROUESSART

Séance du 4 décembre 1866

PREMIÈRE PARTIE

Messieurs, j'ai à vous rendre compte d'un ouvrage très-bien fait et fort recommandable dont le savant auteur, M. Coyteux, a bien voulu faire hommage à notre Société. Il a pour titre : *Qu'est-ce que le soleil, peut-il être habité* (1)? Mais je dois vous dire que la seconde question n'est ici que tout à fait subsidiaire ; c'est une sorte d'appât pour tenter la curiosité du lecteur. Ce que traite à fond notre auteur, c'est la constitution physique du soleil, l'examen et la discussion des hypothèses faites sur ce sujet, avec les idées nouvelles que cet examen et cette discussion ont suggérées à l'honorable M. Coyteux.

Il pourra sembler au premier abord que ce sujet est bien étranger aux occupations habituelles de notre Société et au but qu'elle se propose. Mais, permettez-moi de vous rappeler que si nous sommes plus particulièrement une société d'agriculture, comme le porte en très-gros caractères le titre de notre Bulletin, nous sommes aussi, comme il l'annonce en petits caractères *gothiques*, une société de belles-lettres, sciences et arts, et, sous peine de laisser tomber en déchéance ce titre secondaire, il faut quelquefois faire montre que nous nous en souvenons.

Mais d'ailleurs, vous le savez aussi bien que moi, tout se tient,

(1) A Paris, chez M. Gauthier-Villars, libraire-éditeur, quai des Augustins, 55, 1 vol. grand in-8°, avec planches.

tout se lie, tout s'enchaîne dans la nature; et, sans autre transi-
tion, n'est-il pas vrai que l'agriculteur a plus que tout autre à
compter avec le soleil? N'est-ce pas lui qui fait plus ou moins
bien mûrir nos moissons et nos vendanges; qui nous envoie la
pluie et le beau temps, les inondations ou les sécheresses; par
suite l'abondance ou la disette, la santé ou la maladie, et tout
le reste. Rien de tout cela, croyons-le bien, car cette croyance
est le fondement de la science, rien de tout cela n'arrive par un
hasard fortuit ou par le bon plaisir d'une volonté souveraine qui
serait changeante et capricieuse. Non, tout dépend dans la
nature de lois générales, constantes, universelles, qui régissent
notre monde et tous les autres. C'est l'ignorance seule de ces
lois qui nous fait attribuer les effets que nous n'avons pu prévoir
aux caprices du temps, lorsque nous n'allons pas jusqu'à l'in-
conséquence d'en accuser la volonté variable de l'invariable
auteur de la nature (1). Cela étant, qui peut douter que les variations des effets du soleil sur nos saisons, chaque année, ne
soient liées aux variations dans sa constitution, s'il en subit de
considérables, et que, par suite, la connaissance des lois de ces
dernières variations ne puisse conduire un jour à prévoir les effets
qui peuvent en résulter pour notre terre?

Sans doute, nous sommes encore bien loin de là. Mais enfin,
il y a déjà près de trois quarts de siècle, Herschel, premier du
nom; car, quoiqu'on ne fonde pas, en général, de dynastie
dans la république des sciences, nous sommes déjà pour les
Herschel à la troisième génération; Herschel donc, premier du
nom, avait cru trouver une relation constante entre les périodes des années signalées par la fréquence ou la rareté des taches
solaires, et les variations des prix du blé en Angleterre (2). Plus
récemment, M. Wolf, de Berne, reprenant ces recherches en
1852, a dépouillé les chroniques de Zurich de l'an 1000 à l'an
1800, où il avait trouvé relatées les apparences de taches solaires
assez grandes ou assez nombreuses pour être visibles à l'œil nu,
et a été conduit à cette conclusion, que les années riches en
taches solaires sont généralement plus sèches et plus abon-
dantes en fruits de la terre que celles d'un caractère opposé,

(1) C'est ce qu'avait déjà compris la philosophie ancienne. Voir Cicéron :
Academ. Quæstiones. 1, cap. VII.
(2) Philos. Trans. 1801.

tandis que ces dernières, où les taches se montrent plus rares, sont plus humides et plus orageuses (1). Or, comme il paraît aujourd'hui constaté que la variation de la fréquence des taches est soumise à une loi périodique ; que, dans l'intervalle de onze années environ, elles passent par un *maximum* et par un *minimum* espacés de cinq à six ans, vous voyez que ces observations astronomiques, si étrange que cela puisse paraître, fourniront peut-être un jour d'utiles prédictions à l'agriculteur, et quoique la science empruntée à l'astronomie solaire soit encore loin de prévoir les années d'abondance et de disette aussi sûrement que pouvait le faire le fils de Jacob en interprétant les songes du Pharaon d'Égypte, nous ne devons désespérer de rien pour un avenir plus éloigné.

Mais je laisse cette application qui, je le reconnais, est encore fort loin de nous, et que je ne vous ai fait entrevoir que pour emmieller, comme on dit, les bords du vase. Il ne s'agit pour le quart-d'heure que de science pure, et encore cette science est-elle bien conjecturale. Mais ces conjectures ne sont plus des rêves, comme en faisaient les anciens ; elles s'appuient sur des observations sûres et nombreuses, discutées et interprétées par la raison. Car, comme le dit La Fontaine, c'est la raison *qui décide en maîtresse.* Notre bon fabuliste qui était, sans qu'on le sache et peut-être sans le savoir lui-même, un grand philosophe, établit cette vérité à propos précisément du soleil, et vous me pardonnerez ici cette citation :

> J'aperçois le soleil, quelle en est la figure ?
> Ici-bas ce grand corps n'a que trois pieds de tour ;
> Mais si je le voyais là-haut dans son séjour,
> Que serait-ce à mes yeux que l'*œil de la nature?*
> Sa distance me fait juger de sa grandeur ;
> Sur l'angle et les côtés ma main la détermine.
> L'ignorant le croit plat ; j'épaissis sa rondeur :
> Je le rends immobile, et la terre chemine.
> Bref, je démens mes yeux en toute sa machine.
>
> . . . .
> Quand l'eau courbe un bâton, ma raison le redresse :
>   Ma raison décide en maîtresse.
>   Mes yeux, moyennant ce secours,
> Ne me trompent jamais, en me mentant toujours.

C'est, en effet, on aura beau dire le contraire, *la raison qui*

(1) Rud. Wolf,, *Soc. d'Hist. nat.* Berne 1852.

gouverne le monde ; c'est à la raison de l'expliquer. Seulement, comme la raison humaine est bien loin d'être adéquate à la raison souveraine qui a tout ordonné dans la nature, la science ne peut se faire en un jour ni par un seul homme. Il nous suffit, pour avoir confiance, de voir que la science est toujours en progrès.

Dans la question qui nous occupe : *Qu'est-ce que le soleil ?* problème fort ardu et attaqué à bien des reprises différentes, voyons quelles sont les conquêtes successives de la raison :

Qu'est-ce que le soleil pour les anciens philosophes ?

Xénophane disait que le soleil s'était formé de nuages enflammés ; Théophraste ne changeait que le mot de nuages en celui d'exhalaisons enflammées. Pour Anaximandre, le soleil était un cercle vingt-huit fois plus grand que la terre, percé à son centre d'une ouverture, comme le moyeu de la roue d'un char, et c'est par cette bouche, de la grandeur de la terre, que s'échappe le feu solaire qui est le plus pur du monde. Anaxagore, l'ami de Périclès, celui qui le premier a admis que le νοῦς, l'intelligence suprême, a tout ordonné, supposait, ce qui était fort rationnel pour l'époque, que le soleil n'était qu'une pierre ou un morceau de fer au rouge blanc. Parménide pensait que le soleil et la lune se sont formés aux dépens de la *voie lactée*, le premier à l'aide d'un mélange de rare et de chaud, la seconde, de dense et de froid.

Aristote qui, aux quatre éléments d'Empédocle : la terre, l'eau, l'air et le feu, avait ajouté une cinquième essence, l'éther, en composait le soleil et les étoiles. Ces astres ne sont pas chauds par eux-mêmes, suivant lui, c'est leur mouvement rapide de rotation, leur frottement contre l'air, qui produit la chaleur. C'est là comme le premier germe de la doctrine reçue aujourd'hui dans la science, que *la chaleur* n'est pas une substance en soi, mais *un mode du mouvement*.

Je pourrais beaucoup allonger cette énumération, mais ceci suffit pour établir que la plupart des idées modernes sur la constitution du soleil étaient déjà à l'état embryonnaire chez les anciens. Nous trouvons même chez le poëte Lucrèce, bien qu'il admît l'opinion ridicule de son maître Épicure, que le *soleil n'est pas réellement plus grand qu'il nous paraît aux yeux* (1),

(1) Nec nimio solis major rota, nec minor ardor
Esse potest, nostris quam sensibus esse videtur. (Luc. v, 565-566.)

nous trouvons, dis-je, dans Lucrèce, la distinction des *radiâ-tions* solaires, *lumineuses et obscures* : « Peut-être , dit-il , ce flambeau si brillant du soleil a-t-il autour de lui un feu considérable, doué d'ardeurs invisibles, et qui, quoique sans éclat, augmente la force et la chaleur des rayons (1). »

N'estimons pas exclusivement les anciens ; gardons-nous cependant de les mépriser, car ce sont nos pères : la science comme la vie se transmet de génération en génération, comme le flambeau dans les jeux de l'ancienne Grèce :

> Et quasi cursores vitaï lampada tradunt.

Mais avec cette différence que le flambeau de la science s'accroît et s'augmente en passant de main en main.

Jusqu'à la découverte du télescope, les conjectures sur la constitution du soleil furent empruntées plutôt à l'imagination qu'à l'observation directe, qui ne pouvait révéler là-dessus que fort peu de choses.

Galilée tourna le premier cet admirable instrument vers les cieux et fonda l'astronomie physique. Le premier, dès 1610, à Padoue, il découvrit *les taches solaires*, et s'en servit pour démontrer la rotation du soleil sur lui-même (2). C'est lui aussi qui découvrit *les facules*, c'est-à-dire ces traits qui paraissent plus lumineux que le reste du disque, et dont le déplacement progressif dans un même sens, comme celui des taches, était encore une preuve plus décisive de la rotation de cet astre. Car, comme il le dit fort bien : « Si on avait pu supposer (avec son rival dans ce genre d'observation , le P. Scheiner) que les taches étaient produites par des corps opaques circulant de très-près autour du soleil, il ne pouvait en être de même des facules; il n'est pas, en effet, croyable qu'il se trouve en dehors du so-soleil quelque substance plus lumineuse que ce brillant flambeau. »

Comme on s'est, en général, donné peu de soin de recueillir

---

(1) Forsitan et rosea sol alte lampade lucens
Possideat multum cœcis fervoribus ignem
Circum se, nullo qui sit fulgore notatus,
Æstiferum ut tantum radiorum exaugeat ictum. (Luc. v, 609-613.)
(2) *Dial. des deux systèmes du Monde* , 3e journée, éd. de Florence, 1, p. 375.

les opinions de Galilée sur la constitution du soleil, parce qu'elles sont dispersées dans beaucoup de ses ouvrages, je vous demanderai la permission de vous en parler avec un peu de détail, surtout pour vous montrer avec quelle retenue sage et philosophique il émettait là-dessus, comme en toute autre chose, des idées théoriques. Jamais physicien moderne n'a plus observé et n'a été moins dogmatique que Galilée.

« Je déclare, dit-il, que la substance des taches peut être une de ces choses qui nous sont inconnues, et que nous ne pouvons pas même imaginer..... Je ne crois donc pas qu'un philosophe méritât le blâme, s'il confessait ne point savoir, et même ne point voir le moyen de savoir quelle est la matière des taches solaires. Mais, cependant, si, en partant de quelques analogies avec les matières qui nous sont connues et familières, nous voulons dire là-dessus quelque chose de vraisemblable, c'est avec les nuages de notre atmosphère que je trouverais quelques ressemblances aux taches du soleil.

» Les taches solaires se produisent et se dissolvent en des intervalles de temps plus ou moins courts : quelques-unes se forment et se détruisent d'un jour à l'autre. Elles changent de figures, et ces figures sont parfois très-irrégulières ; leur obscurité est aussi très-variable, tantôt plus, tantôt moins. Comme elles sont sur le corps même du soleil, ou du moins très-près, pour être aperçues (dans cet océan de feu), il faut qu'elles soient d'une très-vaste étendue ; leur opacité, plus ou moins grande, leur fait intercepter plus ou moins la lumière du soleil ; à cette opacité variable, il faut aussi joindre qu'elles sont plus ou moins nombreuses ; il y en a quelquefois beaucoup ; d'autres fois très-peu ou même point du tout.

» Regardons maintenant autour de nous : où trouver ces vastes masses de matière qui se forment et se dissipent en peu de temps, et dont la durée quelquefois se prolonge ; qui se séparent et se rapprochent ; qui changent facilement de figure ; qui sont en quelques-unes de leurs parties denses et opaques, dans d'autres beaucoup moins ? Nous avons beau chercher sur cette terre, nous ne trouverons rien qui y ressemble que les nuages. Toutes les autres matières qui nous entourent sont trop loin de satisfaire à ces conditions. Il n'est point douteux que si la terre était *lumineuse par elle-même*, et qu'elle ne fût pas éclairée du dehors par le soleil, elle présenterait à quelqu'un qui pourrait l'observer d'une très-grande distance les mêmes apparences que la surface solaire. Car, lorsque telle ou telle région de la terre serait couverte de nuages, elle paraîtrait parsemée de taches obscures qui, selon la plus ou moins grande opacité de leurs parties, empêcheraient plus ou moins la lumière terrestre de briller en ces points. Par suite, ces taches seraient plus ou moins obscures. On en verrait, comme de nos nuages, tantôt plus, tantôt moins : ici elles s'élargiraient, là elles se resserreraient; et si la terre tournait sur elle-même (vous savez que Galilée devait mettre ce mouvement au conditionnel), si la terre, donc, tournait sur elle-même, ces taches ou nuages la suivraient dans son mouvement , et comme ces nuages auraient peu de profondeur, par rapport à l'étendue superficielle qu'ils ont communément, ceux qui seraient vus au milieu de l'hémisphère visible paraîtraient beaucoup plus larges et plus espacés , et en venant près du bord , ils sembleraient se resserrer , et, en somme, on y retrouverait tous les accidents qu'on découvre dans les taches solaires.......

» Je ne veux nullement dire que ces taches du soleil soient des nuages aqueux comme ceux de notre terre. Je veux dire seulement que nous n'avons rien qui leur ressemble davantage. Cela peut être des vapeurs, des exhalaisons, des nuées, des fumées *produites* par le corps solaire lui-même, ou *attirées* par lui de quelque autre part du dehors ; mais, là–dessus , je confesse n'avoir rien de certain à dire , car cela pourrait être mille autres choses que nous ne pouvons même concevoir.

» Mais ce que je crois pouvoir affirmer avec confiance , de quelque manière que ces taches se forment, c'est qu'elles font corps avec le soleil, qui , dans un peu moins d'un mois lunaire, les emporte avec lui (1). »

Galilée constata que ces taches étaient presque toutes comprises dans une zone qui, en largeur, ne s'étend pas à plus de 29° ou 30° du grand cercle de la rotation solaire. « Il y en a à peine une sur mille qui dépasse cette limite , et encore de bien peu , imitant en cela les lois du mouvement des planètes dont les digressions sont semblablement limitées des deux côtés du grand cercle de la révolution diurne de la sphère céleste (2). »

Cela le conduisit à une hypothèse hardie qui ne se retrouve

(1) Opere di Galileo , III, 393-394-396.
(2) *Ibid.*, p. 464.

que dans une variante de l'édition de la *Deuxième lettre sur les taches solaires*, publiée, en 1860, par le professeur Volpicelli (1).

« Il restera à l'avenir, dit avec raison Galilée, pour les phy-
» siciens, un large champ de spéculation sur la nature de ces
» taches, et sur la manière dont peuvent se produire et se dissi-
» per, en des temps fort courts, des masses d'une si vaste éten-
» due, que quelques-unes surpassent beaucoup en grandeur et
» l'Afrique et l'Asie entière et les deux Amériques (2). Sur ce pro-
» blème je n'oserais affirmer rien de certain : je soumettrai seu-
» lement cette considération aux esprits spéculatifs, que le fait de
» rencontrer toutes les taches sur cette zone du globe solaire
» qui est juste au-dessous de la partie du ciel, à travers laquelle
» circulent et vaguent les planètes, et non ailleurs, semble indi-
» quer que ces planètes pourraient bien, elles aussi, être pour
» quelque chose dans cet effet. Et si, conformément à l'opinion
» de quelque ancien fameux, cette énorme dépense de lumière
» du soleil était restituée par les planètes qui la reçoivent en
» tournant autour de lui, il est certain que cet aliment répara-
» teur, devant venir par les chemins les plus courts, ne pour-
» rait arriver sur d'autres parties de la surface solaire que celle
» qui est comprise dans cette zone (3). »

Rarement Galilée a fait des hypothèses qui aille bien au delà des analogies établies sur des observations positives. Cependant, comme pour nous montrer qu'aussi bien qu'un autre, il aurait pu bâtir des systèmes, il nous en a laissé un échantillon dans une de ses lettres :

« Il me semble, dit-il, qu'il existe dans la nature une substance très-fluide, très-ténue, animée d'un mouvement très-
rapide qui, se répandant dans l'univers, pénètre tout sans obstacle, échauffe, vivifie et rend féconds tous les êtres vivants ; que
le principal réservoir de cet *esprit*, comme les sens mêmes le

(1) Roma, in-4°, p. 25-26.
(2) En 1779, Wil. Herschel en observa une bien plus grande encore. Elle était visible à la simple vue : le calcul fait, d'après son diamètre apparent, lui donnait un diamètre réel de 17,000 lieues, c'est-à-dire six fois plus grand que le diamètre de la terre, ce qui accusait par conséquent une superficie trente-six fois plus grande que celle d'un grand cercle de notre globe.
(3) M. Rud. Wolf, en 1858-1859, a repris cette idée de l'influence planétaire sur les taches, en la réduisant à l'action des masses. *Archives des sciences physiques et natur.*, t. V, août 1859, p. 289-303.

montrent, paraît être le corps du soleil. C'est de là, en effet,
que se répand dans l'univers cette immense lumière, accompagnée de cet esprit calorifique qui, pénétrant tous les corps végé-
tables, les vivifie et les féconde. Il est raisonnable de penser que
cet esprit est quelque chose de plus que la lumière, puisqu'il
pénètre et se répand à travers toutes les substances corporelles,
même les plus denses, dont plusieurs ne se laissent pas ainsi pénétrer par la lumière. Nous voyons et nous sentons que de notre
feu lui-même, il sort à la fois lumière et chaleur. La chaleur
passe à travers tous les corps, même les plus opaques et les
plus solides ; la lumière, au contraire, est arrêtée par l'opacité
et la solidité. C'est ainsi que l'émanation du soleil est lumineuse
et calorifique, et que la partie calorique est la plus pénétrante.
J'ai dit ensuite que le corps solaire était, pour cet esprit et pour
cette lumière, un réservoir, ou en quelque sorte un magasin,
c'est-à-dire qu'il le reçoit *ab extra* plutôt qu'il n'en est le principe et la source première, d'où ils découleraient originairement... Mais nous pouvons affirmer avec beaucoup de vraisem-
blance que cet esprit fécondant et cette lumière, répandus
primitivement dans tout le monde, sont venus s'unir et prendre
plus de force dans le corps solaire, placé pour cela au centre de
notre univers, et que de là cette lumière, devenue plus splendide et plus puissante par cette concentration, se répand de nouveau en tous sens... Le soleil est ainsi comme le cœur de l'univers, et on peut dire avec une certaine analogie : de même que,
dans le cœur de l'animal, il se fait une régénération continuelle
des esprits vitaux qui soutiennent et vivifient tous les membres,
pourvu que le cœur reçoive toujours l'aliment que lui fournis-
sent d'autres organes, et sans lequel il périrait ; ainsi, pour le
soleil, tant que de toutes parts *ab extra* lui arrive son aliment,
il conserve en lui la source d'où découle et se répand continuellement cette lumière et cette chaleur prolifique, qui donnent à
tous les membres groupés à l'entour le mouvement et la vie... »

« J'ajoute ici une considération qui vient fort à l'appui de ces
idées. Il y a déjà quelque temps que j'ai découvert le concours
continuel de quelques matières obscures sur le corps du soleil, où
elles se montrent à nos sens sous l'aspect de taches très-obscures,
et où elles finissent par se consumer et se détruire. J'ai insinué
que ces taches pourraient bien être regardées comme une partie
de l'aliment dont le soleil, suivant quelques philosophes, est

supposé avoir besoin pour soutenir ses forces. J'ai encore démontré, par des observations suivies de ces matières ténébreuses, que le corps solaire tourne nécessairement sur lui-même, et j'ai indiqué de plus, combien il était rationnel de croire que c'était de cette révolution que dépendaient les mouvements du soleil lui-même, etc. (1). »

Revenons au livre de M. Coyteux, qui ne commence guère son exposition qu'au moment où une plus grande perfection du télescope a permis de voir mille détails qui avaient nécessairement échappé à Galilée et à ses successeurs immédiats.

Ce n'est qu'à partir des observations de Wilson et de Bode, que de nouvelles spéculations furent faites sur la constitution du soleil et sur ses taches. Au commencement de ce siècle, Will-Herschel, en y ajoutant ses longues et consciencieuses observations, faites à l'aide des puissants instruments qu'avec une admirable patience il fabriquait de ses propres mains, put établir un nouveau et célèbre système qui est, en quelque sorte, la contre-partie de la modeste hypothèse de Galilée. Suivant lui, c'est le noyau du soleil qui est obscur, et son enveloppe qui est lumineuse. Les taches sont produites par des déchirures de cette enveloppe, qui laissent apercevoir le noyau. Cette enveloppe est double : la plus extérieure, appelée *la photosphère*, est seule lumineuse ; l'inférieure est simplement transparente et très-réfléchissante. L'aurore boréale lui offrait naturellement une analogie pour établir l'existence de ces nuages *phosphorescents* qui constituaient la photosphère, laquelle ainsi ne serait qu'une aurore boréale perpétuelle et s'étendant sur toute la surface solaire. Comme les taches présentent le plus souvent une large pénombre, entourant le centre obscur, Herschel en rendait compte en admettant que le milieu atmosphérique interposé entre le corps solide obscur du soleil et la photosphère, était doué à un certain niveau, beaucoup plus bas, d'un pouvoir réfléchissant presque absolu. Lorsque les courants atmosphériques ascendants ou des agitations locales brisent la double enveloppe, l'ouverture de la photosphère est, en général, beaucoup plus large que celle de l'enveloppe inférieure. Cette dernière seule laisse voir le noyau ; c'est la partie centrale de la tache.

(1) Opere di Galileo, II, p. 22-25.

La lumière réfléchie sur les bords et le pourtour de la seconde ouverture moins large constitue la pénombre. Quant aux facules, elles seraient formées par les crêtes saillantes des ondes de la photosphère.

Voilà en peu de mots le système d'Herschel. Le détail nous entraînerait beaucoup trop loin. Mais comme c'est en définitive, sauf quelques modifications, l'hypothèse que soutient M. Coyteux, nous y reviendrons plus tard.

Ainsi que tout système fait par un habile observateur, celui d'Herschel s'est longtemps soutenu dans la science, malgré de nombreuses objections; on y parait en retouchant légèrement l'ensemble de la construction. Mais, dans ces derniers temps, ce système a été fortement battu en brèche par des faits empruntés, non à l'astronomie elle-même, mais à la physique, et deux systèmes rivaux, ne laissant rien subsister de celui d'Herschel, se sont élevés en face : je veux parler de ceux de M. Kirchhoff et de M. Faye.

Le système de M. Kirchhoff est un retour au système primitif de Galilée, simplement modifié pour le mettre mieux en rapport avec les nouvelles découvertes de la science. Le soleil est un globe incandescent solide ou liquide, exhalant des vapeurs formées de toutes les matières volatiles à la haute température de sa surface, et qui vont se condenser dans son atmosphère transparente et gazeuse, comme les nuages dans notre atmosphère. Il existe principalement deux couches de ces nuages étagées l'une sur l'autre. La première plus épaisse et plus opaque, la seconde au-dessus moins dense et à demi-transparente, mais généralement plus étendue. Leur superposition s'explique naturellement parce que c'est l'évaporation de la couche inférieure qui a formé la couche supérieure, ainsi que cela se fait souvent dans notre propre atmosphère. La lumière propre, rayonnée par le noyau solaire incandescent et intercepté par ces deux couches de nuages plus ou moins obscures, produit les apparences des taches et de leurs pénombres. C'est, comme on le voit, la contre-partie du système d'Herschel. L'un dit blanc là où l'autre dit noir. Que voulez-vous? Tel est l'homme. L'*antinomie*, comme le dit Kant, est une condition, une loi de l'exercice de la raison humaine, toutes les fois que, franchissant les limites de l'expérience, nous voulons savoir de l'univers quelque chose d'absolu. Mais qu'importe que nous ne puissions marcher, au moral, comme au physique, qu'en prenant notre appui, tantôt à droite, tantôt à gauche, pourvu que nous marchions et avancions toujours?

Voici les faits sur lesquels s'appuie l'hypothèse de Kirchhoff. La lumière du soleil, comme vous le savez, n'est pas homogène. Elle se compose de rayons de couleurs et de réfrangibilités différentes, que le prisme du physicien sépare. En recevant cette lumière dans une chambre obscure, à travers une fente étroite, sur un prisme de verre ou de cristal, le faisceau lumineux, qui a traversé le prisme, se dilate, se décompose, en présentant les diverses couleurs de l'arc-en-ciel. C'est ce qu'on appelle *le spectre solaire*, soit qu'on l'observe directement en regardant à travers le prisme, soit qu'on le projette sur un écran. Mais, dans certaines conditions, qui sont les plus favorables à la séparation des différents rayons, on reconnaît que le spectre, ce ruban aux mille couleurs, n'est pas continu. On y distingue au milieu des espaces les plus vivement colorés, des raies obscures nettement tranchées, parallèles aux arêtes du prisme qui a formé ce spectre.

Si on regardait à travers le prisme la lumière d'un corps solide incandescent, au milieu d'un air bien pur, le spectre serait continu ou ne présenterait que certaines raies *plus lumineuses*, de couleurs déterminées, variables d'un corps à un autre et servant à *caractériser* la nature du corps solide incandescent.

Si on regarde de même la flamme d'une matière gazeuse, dans laquelle sont quelques particules de corps solide portées à l'incandescence, le spectre de la matière gazeuse pure est généralement très-pâle, mais il est traversé par des raies *très-brillantes* caractéristiques du corps solide dont les particules y sont à l'état incandescent. C'est là le point de départ de *l'analyse spectrale* appliquée à la chimie. Ainsi, par exemple, si on place, derrière une fente étroite, une flamme d'alcool au milieu de laquelle soit tenu par un fil de platine un fragment de chlorure de sodium, en regardant la fente à travers un prisme, le spectre présentera une raie très-vive *de couleur jaune* caractéristique de sodium.

Mais si maintenant on regarde la lumière d'un fil de platine chauffé au blanc, à travers cette même flamme d'alcool *salé*, le spectre du platine est interrompu par une *raie obscure* à l'endroit même où apparaissait la *raie jaune* du sodium. C'est-à-dire que les rayons jaunes du platine ont été absorbés et éteints en tombant sur le sodium, lequel n'a arrêté que les *vibrations lumi-*

neuses qui étaient *à son unisson : Simile simili gaudet.* Il a laissé
passer les autres. C'est ce que l'on confirme pleinement en dis-
posant l'expérience de manière que la lumière venue du platine
ne traverse que la moitié supérieure de la flamme d'alcool salé.
Alors on observe les deux spectres superposés, et la raie *obscure*
du spectre du platine est juste sur le prolongement de la *raie
jaune* du spectre de la flamme d'alcool salé. C'est donc le jaune
de cette dernière flamme qui intercepte le jaune de la lumière du
platine. Cela est tout à fait conforme à cette loi, qui a été vérifiée pour la chaleur rayonnante, comme pour la lumière, que
*le pouvoir émissif ou rayonnant de chaque corps est égal à son
pouvoir absorbant*, c'est-à-dire que le corps qui émet de préférence certains rayons de chaleur ou de lumière est aussi celui qui
absorbe de préférence les rayons de même réfrangibilité, ou , en
d'autres termes, *de même période de vibration ou longueur d'on-
dulation*. Le sodium en vapeur absorbe le jaune d'une lumière
qui le traverse lorsque ce jaune est identique avec celui qu'il
émet lui-même à l'état lumineux.

Au premier abord, cela paraît bien difficile à comprendre.
Mais ceux qui auront vu la flamme du gaz de l'éclairage *faire
ombre* sur le trajet de la lumière électrique, de sorte que cette
lumière éblouissante s'affaiblit en traversant celle du gaz, comme
si elle traversait de la fumée, s'en rendront facilement compte
par analogie. Voici du reste le raisonnement très-simple qui explique l'effet en question. Un son, comme on sait, restant dans *le
même ton*, peut avoir une force ou intensité très-inégale. Ainsi
la même corde de harpe, faiblement ou fortement pincée, rendra
le même son de la gamme musicale, mais d'une intensité telle
qu'il sera tantôt à peine perceptible de très-près et que tantôt il
parviendra à de très-grandes distances. Mais cette perception dé-
pendra encore toutefois des autres sons produits en même temps.
Il en est de même des divers *tons* ou nuances *de la lumière* qui
dépendent aussi , comme pour les sons , des périodes de vibrations
des particules qui les produisent. La même couleur, c'est-à-dire
la même vibration lumineuse quant à sa période , peut être plus
ou moins perceptible suivant sont intensité et suivant l'intensité
des autres couleurs ou vibrations arrivant simultanément à notre
œil.

Dans l'expérience du platine chauffé par un courant électrique à une température voisine de sa fusion , et rayonnant à tra-

vers la flamme d'alcool salé, il faut admettre que l'intensité lumineuse de chaque rayon émis par le platine soit bien plus grande, mille fois par exemple, que le rayon de même vibration de la flamme d'alcool. Ainsi le jaune émis par le sodium de cette flamme aura une intensité représentée par un, quand celle du jaune *correspondant* du platine sera de mille. Après que le sodium aura absorbé le rayon jaune de la lumière du platine, l'intensité de son rayonnement propre sera augmentée d'autant; mais il ne faudrait pas croire que cette intensité fût devenue un plus mille, ou mille un, et par suite plus grande que celle du rayon jaune du platine venant dans la même direction. Non, et c'est là le point qu'il faut bien comprendre. La lumière du platine absorbée par le sodium ne continue pas tout entière sa route dans la direction primitive. Le sodium qui l'a absorbée et qui rayonnait la même lumière avec une intensité égale à un, devient un centre de rayonnement pour la lumière absorbée : il l'éparpille, il la disperse dans tous les sens autour de lui, et c'est probablement à grand'peine s'il en émet, dans la direction où elle tombait sur le prisme et l'œil placé derrière, une nouvelle quantité encore égale à un : de sorte que le jaune du sodium aura, avec ce surcroît, une intensité tout au plus égale à deux, lorsque les autres rayons du platine non absorbés par le sodium conserveront leur intensité primitive de mille. Le jaune émis par le sodium sera donc *obscur* relativement aux autres couleurs venant directement du platine. Partant, il y aura une *raie obscure* dans le spectre de ce platine à la place même où se trouve la *raie lumineuse jaune* dans le spectre du sodium.

Il résulte de ces faits que, quand la lumière d'un corps solide incandescent a traversé une atmosphère tenant en suspension des vapeurs de corps solide à *un état relativement obscur*, le spectre de cette lumière doit être divisé par des *raies obscures* correspondant aux radiations propres des corps en suspension dans cette atmosphère. Or, comme c'est le cas *du spectre solaire*, l'induction était facile à tirer. Le soleil est un corps solide ou liquide, lumineux par lui-même, rayonnant à travers une atmosphère formée par toutes les matières qui sont volatiles à la température de sa surface. Car, encore une fois, si, comme le veulent les astronomes, c'est l'atmosphère seule qui est lumineuse, le spectre solaire, comme le spectre de nos flammes, présenterait des raies lumineuses au lieu des raies obscures.

Au point de vue de l'analyse spectrale, l'hypothèse de Kirchhoff se soutient donc très-bien, et cela devait être, puisqu'elle était faite par un physicien. Malheureusement, au dire des astronomes observateurs, elle résiste beaucoup moins bien à l'épreuve des observations télescopiques. Nous y reviendrons plus loin.

Passons à l'hypothèse de M. Faye. Celle-ci ne laisse rien subsister des deux autres. Non-seulement le soleil n'est point un corps solide, lumineux ou obscur : c'est un corps entièrement gazeux; mais, par suite de l'énorme température qui règne encore à la partie centrale du globe solaire, les particules gazeuses qui en forment la matière y sont à cet état de pureté et de simplicité qu'on a appelé dans ces derniers temps *état de dissociation*, et dans lequel la force répulsive qui les anime ne permet encore ni l'agrégation physique, ni la combinaison chimique. Il faut que la température baisse pour que certaines attractions moléculaires, prédominant sur les répulsions, permettent aux atomes infimes de se grouper en particules d'une certaine grosseur. Or, c'est de la grosseur des particules que paraît dépendre, à égale température, un plus grand rayonnement de lumière et de chaleur. Si la flamme du gaz de l'éclairage est lumineuse, c'est grâce à une combustion incomplète qui permet le dépôt des particules de charbon au sein de l'hydrogène qui brûle. Ces particules solides, portées à l'incandescence, constituent presque tout le pouvoir éclairant de cette flamme. Employez le bec Bunsen qui, au moyen d'un courant d'oxygène ou d'air lancé au milieu du gaz de l'éclairage, en brûlera toute la matière et convertira tout le charbon gazeux en acide carbonique, sans lui permettre de se précipiter dans la flamme sous forme solide; vous obtiendrez, dans cette combustion, une température excessivement plus élevée, mais la flamme sera presque complétement privée de lumière (1). En se laissant guider par ces analogies, on comprendra que la matière gazeuse centrale du soleil restant obscure *à l'état de dissociation*, quoiqu'à une température excessivement élevée, doive se refroidir à la surface

(1) Pour aider à faire comprendre comment la *grosseur* des particules d'un certain agent peut agir sur nos organes, là où leur finesse rend cette action insensible, il suffit de rappeler cette analogie, familière à tout le monde, d'une aiguille excessivement fine qui pourrait impunément traverser les parties les plus sensibles de notre corps sans nous blesser, là où une épée nous donnerait la mort.

solaire par suite de son rayonnement dans l'espace. Ce refroidissement, qui s'étend dans l'épaisseur d'une couche superficielle plus ou moins profonde, doit déterminer, entre les éléments jusqu'alors *dissociés*, des combinaisons chimiques, des
agrégations physiques, des précipitations de particules solides ou
liquides, qui constitueront une *atmosphère lumineuse*, se renou-
velant continuellement comme nos flammes, à mesure que les
produits des groupements moléculaires effectués, tombant en
vertu de leur plus grande densité, retourneront à la partie centrale pour y éprouver une nouvelle décomposition ou dissociation moléculaire. Voilà l'hypothèse générale.

Comment, dans cette hypothèse, se rendre compte des taches
et des facules ?

M. Faye continue d'appeler *photosphère* l'atmosphère lumineuse dont nous venons d'expliquer la formation. Les diverses
couches de cette photosphère doivent être constamment par-
courues par des courants ascendants et descendants, les uns
apportant les nouveaux matériaux, les autres emportant au centre les produits des combinaisons et agrégations de ces éléments.
« Dans cette agitation, dit M. Faye, on comprendra aisément
» que là où les courants ascendants prendront plus d'intensité,
» la matière lumineuse de la photosphère soit momentanément
» dissipée. A travers cette sorte d'éclaircie, ce n'est pas le noyau
» solide, froid et noir du soleil que l'on apercevra, mais la masse
» gazeuse ambiante et interne, dont le pouvoir émissif, à la
» température de la plus vive incandescence, est tellement fai-
» ble, par rapport à celui des nuages lumineux de particules non
» gazeuses, que la différence des pouvoirs suffit pour expliquer
» le contraste si frappant des deux teintes observées avec nos
» verres obscurcissants...
» Quant aux facules, sorte de rides lumineuses dont l'appa-
» rition fait présager presqu'à coup sûr la prochaine formation
» d'une tache, elles sont évidemment dues, comme les taches,
» aux courants ascendants. La photosphère n'est pas une surface
» de niveau dans le sens mathématique ; c'est la limite à la-
» quelle les courants ascendants portent, dans la masse fluide
» générale, les phénomènes physiques ou chimiques de l'incan-
» descence. Mais, bien que le phénomène, dans son ensemble,
» affecte une remarquable régularité, puisque la surface brillante
» nous apparaît parfaitement sphérique, on conçoit qu'un afflux

— 17 —

» local plus rapide puisse dépasser cette limite et porter un
» peu plus haut les nuages lumineux. » De là les facules.

Il ne faudrait pas se faire une objection contre cette brillante
hypothèse, de la faible densité des gaz dans l'état où on les observe sur notre terre, comparée à la *densité moyenne* du soleil,
qui est une fois et demie plus grande que si sa masse entière
était de l'eau à la température de 4°. Car, par suite de l'énor-
mité de cette masse, la pesanteur est 30 fois plus grande à la
surface du soleil qu'à celle de la terre, et comme la densité des
gaz augmente proportionnellement à la pression, dans les parties voisines du centre où la pression est excessive, la matière
gazeuse, comme le montre le calcul, sans changer d'état, en
vertu de sa température élevée, peut acquérir une densité com-
parable à celle du platine.

Ce qui me séduit dans l'hypothèse de M. Faye, c'est surtout le
point de vue éminemment philosophique qui la lui a suggérée,
point de vue d'où il embrasse, non-seulement la constitution de
notre soleil, mais celle des étoiles, c'est-à-dire des soleils des autres mondes, et celle de ces mondes planétaires eux-mêmes. Mais
c'est là précisément, peut-être, ce qui en a le plus éloigné M. Coyteux. Car, si je crois aux grandes lois générales de la nature, à
leur constance, à leur uniformité, à leur universalité, M. Coyteux, comme vous le savez, nie l'existence de ces grandes lois, et
il tient pour la diversité et la variabilité des phénomènes de la
nature en tout et partout. Il ne veut point entendre parler d'u-
nité, d'identité, dans la matière, les forces, la formation, la
constitution et les transformations des corps de l'univers. En astronomie, comme en physique, il est philosophe individualiste :
Chacun chez soi, chacun son droit, chacun sa nature est sa loi.

Voici l'idée très-philosophique, suivant moi, je le répète, qui
a guidé M. Faye dans ses recherches :

« Rien ne distingue, dit-il, notre soleil de la multitude d'étoi-
» les qui brillent au ciel : les astronomes admettent volontiers
» que le soleil est une étoile de moyenne grandeur, d'une lu-
» mière à peu près blanche, avec un caractère très-peu mar-
» qué de variabilité périodique. Nous sommes donc en face d'un
» phénomène très-considérable sans doute pour nous, mais
» très-commun, très-ordinaire dans l'univers étoilé. Il convient
» donc aussi de partir de l'idée la plus simple, la plus générale,
» la plus applicable à l'ensemble des étoiles, et cette idée sera,

2

» sauf erreur de formule, la réunion successive de la matière
» en vastes amas, sous l'empire de l'attraction, de matériaux
» primitivement disséminés dans l'espace...

» En dehors des époques cosmogoniques dont nous n'avons
» pas à nous occuper, il y a trois phases à considérer dans le
» refroidissement d'une masse fluide isolée dans l'espace, ani-
» mée d'un mouvement de rotation, et portée à une tempéra-
» ture bien supérieure aux forces d'association physique et chi-
» mique des molécules ou des atomes.

» 1° La phase de complète association où la chaleur va en
» décroissant du centre à la périphérie. Cet état (qui est proba-
» blement celui des *nébuleuses planétaires*) est susceptible d'un
» équilibre particulier : le pouvoir émissif est très-faible ; la lu-
» mière est purement superficielle, puisque celle des couches
» profondes peut être absorbée entièrement par les couches su-
» perficielles. Le spectre est probablement réduit à de nom-
» breuses raies brillantes, séparées par de larges intervalles
» obscurs. »

Dans la seconde phase, qui constitue l'état de notre *soleil* et
des autres *étoiles*, il y a : « Refroidissement des couches externes
» de la masse gazeuse au point où le jeu de certaines affinités
» moléculaires devient possible. Formation d'une photosphère,
» espèce de laboratoire superficiel qui détermine les contours
» apparents de la masse. Pouvoir émissif considérable pour la
» chaleur et la lumière. La lumière émise vient d'une profon-
» deur considérable de la photosphère. Le spectre de la phase
» précédente est interverti. » C'est-à-dire qu'il présente, comme
le spectre de notre soleil et des autres étoiles, des raies obscures
séparant de larges espaces colorés.

« L'énorme flux de chaleur émané de la photosphère est en-
» tretenu aux dépens de la masse entière, par le jeu des cou-
» rants ascendants et descendants qui s'établissent entre les cou-
» ches profondes et la périphérie, courants impossibles dans la
» phase précédente », où l'état de dissociation ne permettait ni
les combinaisons chimiques, ni les agrégations physiques.
L'énorme chaleur qui se développe dans ces actions doit longtemps suffire au rayonnement de la photosphère et donner à
cette phase le caractère d'une grande fixité, mais sujet à des in-
termittences.

« Si la photosphère vient à se dissiper localement, la chaleur

et la lumière émises se réduisent en ce point dans le rapport
des pouvoirs émissifs de la photosphère à celui du milieu gazeux
général.

» Le mouvement de rotation ne s'exécute pas tout d'une pièce
comme dans la phase précédente, où la masse fluide s'écarte
peu des conditions de l'équilibre : ici, la surface est en retard
sur le mouvement de la masse entière. Sous l'antagonisme des
forces qui troublent cet équilibre, les phénomènes superficiels
peuvent revêtir le caractère de l'intermittence. » De là l'explication des étoiles à éclat variable et périodique, dont notre soleil
n'est qu'un faible échantillon.

5° Nous arrivons à la troisième phase ou phase planétaire.
« Lorsque, par les progrès du refroidissement, les courants
verticaux commencent à se ralentir, lorsque la masse entière,
successivement contractée (1), a une densité moyenne suffisante,
la photosphère, devenue très-épaisse, prend à la surface une
consistance liquide ou pâteuse, et finalement solide. Alors la
communication avec la masse centrale est interceptée ; le refroidissement de cette masse ne s'opère plus guère que par la simple conductibilité d'un liquide plus ou moins pâteux ; celui de
la croûte liquide ou solide fait des progrès rapides à la superficie ; la rotation qui s'est accélérée se régularise ; les phénomènes des taches et des facules ont disparu, et la figure est celle
qui convient à une masse fluide en équilibre sous l'action des
forces intérieures. L'intensité de la radiation baisse rapidement.....; le spectre précédent ne change pas essentiellement
d'aspect, mais il ne présente que les raies noires dues à la couche atmosphérique, laquelle est désormais distincte du corps
même de l'astre : le spectre des bords diffère notablement du
spectre central par le nombre et l'obscurité des raies. Puis viennent les phénomènes de l'extinction définitive. C'est là la phase
géologique », au milieu de laquelle se trouve encore notre
terre ; car nous aussi nous avons été un petit soleil, aujourd'hui
éteint. Le même sort attend notre soleil et les autres étoiles du

(1) Cette énorme contraction d'une matière gazeuse, comme le soleil, bien
avant d'arriver à l'état liquide, contraction qui devrait se révéler par l'observation du diamètre apparent du globe solaire, nous paraît une des plus
fortes objections contre l'hypothèse de M. Faye. Nous sommes surpris qu'il
ne l'ait pas abordée.

ciel. Nous voyons déjà poindre, à un horizon lointain, leurs
remplaçants dans ces masses encore obscures et informes qu'on
appelle les *nébuleuses*. Mais, puis? quoi au delà encore? *chi lo sa?*
Mais voilà bien l'homme; une fois lancé dans la spéculation,
rien ne l'arrête. Qu'y aura-t-il, se demande-t-il intrépidement,
lorsque auront disparu ce soleil, ces étoiles, ces nébuleuses, et
que depuis des millions de milliards d'années, cette petite terre,
résidu excrémentiel d'un fragment du soleil, qu'il habite un
jour en passant, ne sera plus qu'une masse concrète, inerte,
stérile, désolée, sans chaleur, sans lumière et sans vie?

Merveilleuse portée de cette étincelle d'intelligence déposée
sur ce grain de sable qu'on appelle la terre, et qui va par delà
les mondes visibles sonder et interroger les profondeurs de l'invisible lui-même.

Non, Messieurs, quoi qu'on en dise, ne croyons pas perdre
notre temps en nous livrant par instant à ces considérations qui
nous transportent si loin du train journalier de la vie. Oui, sans
doute, regardons à nos pieds ; mais souvenons-nous parfois
que nous sommes faits pour regarder plus haut. « Si je n'étais
pas admis à ces nobles visées, disait déjà Sénèque, dans la pré-
face de ses *Questions naturelles*, ce n'eût pas été la peine de
naître (1). »

Dans cette première partie de mon rapport, j'ai seulement voulu
vous exposer, sans les discuter avec M. Coyteux, les grandes
hypothèses sur la constitution du soleil. Dans une seconde communication, si vous le permettez, nous aborderons cette discussion, à l'aide de nombreuses et récentes observations faites par
les plus habiles astronomes de profession qui se soient livrés à
ces recherches, et que M. Coyteux a réunies avec un soin
consciencieux dans son beau livre. Nous vous ferons connaître
alors l'hypothèse, en quelque sorte *éclectique*, proposée par notre
auteur, hypothèse sans doute contestable, mais très-modeste,
point du tout absolue ni ambitieuse, comme vous vous seriez probablement attendu à la voir surgir de l'esprit de cet intrépide
métaphysicien idéaliste. Son livre, je le répète, est, par l'abondance et le bon choix des observations et des idées théoriques
sur la matière qu'il traite, le recueil le plus complet, à ma con-

(1) Nisi ad hæc admitterer, non fuerat nasci. *L. An. Senecæ, Quæst.
natural., præfatio.*

l

naissance du moins, qui ait été encore publié. N'eût-il donc que ce seul mérite, il suffirait pour le recommander à l'attention de tous les hommes d'étude. Je le remercie donc, dès maintenant, de l'avoir composé, au prix de tant de recherches et de labeurs, et d'avoir bien voulu en donner un exemplaire à la bibliothèque de notre Société.

SECONDE PARTIE.

M. Coyteux ne s'est pas borné dans son livre à nous exposer les grands systèmes de Herschel, de Kirchhoff et de Faye, sur la constitution physique du soleil. Il nous fait aussi connaître les résultats des observations les plus récentes des astronomes de profession : Le P. Secchi, M. Chacornac et autres, qui se sont plus spécialement occupés de cette question, autant qu'elle est accessible au télescope et à la photographie. Il montre qu'à son point de vue, ces résultats, convenablement interprétés, se concilient beaucoup moins bien avec les systèmes de M. Kirchoff et de M. Faye qu'avec celui de Wil. Herschel. Mais ce dernier a besoin d'être modifié pour répondre aux exigences de la science actuelle, et c'est ce qu'il croit avoir fait de la manière la plus rationnelle.

Il adopte donc, pour le fond, l'ancienne hypothèse d'Herschel, qui se soutient, en effet, beaucoup mieux au point de vue de l'astronome qu'au point de vue du physicien, auquel nous le verrons bientôt, elle présente d'énormes difficultés.

D'après M. Coyteux (1) : « Le soleil est un sphéroïde intérieurement liquide et incandescent ; mais extérieurement solidifié jusqu'à une certaine profondeur, relativement très-peu considérable. » Sous ce premier rapport, vous le voyez, la constitution physique du soleil différerait très-peu de celle que les géologues modernes ont assignée à notre terre, sorte de petit soleil éteint. Mais la différence est dans l'enveloppe atmosphérique, ou

(1) Voir page 391 et *passim*.

plutôt dans les nuages qui y prennent naissance, nuages qui sont tous opaques sur notre terre, tandis que tout autour du soleil il y en aurait de lumineux par eux-mêmes. En effet, suivant notre auteur, d'accord avec Herschel, « la croûte solide, superficielle de cet astre, est entourée d'une vaste atmosphère très-diaphane dans laquelle sont suspendues des masses nuageuses généralement peu distantes les unes des autres et formant deux couches parallèles superposées. La première, plus voisine du corps solaire, non lumineuse par elle-même, serait *très-réfléchissante* », et probablement opaque; car, à moins qu'elle ne s'entr'ouvre, elle intercepte la vue du noyau central. La seconde couche nuageuse, située à une certaine distance au-dessus de la première, serait seule *lumineuse par elle-même*, et comme elle serait presque continue, elle déroberait habituellement à nos regards la seconde couche, et à plus forte raison le corps solaire lui-même. C'est elle qui constituerait la *photosphère*, c'est-à-dire cette surface externe visible du soleil, qui le limite d'une manière si nette au télescope, et qui nous envoie la chaleur et la lumière.

Lorsque cette photosphère et l'enveloppe réfléchissante sous-jacente viendraient à s'entr'ouvrir par des causes que nous indiquerons bientôt, causes qui détermineraient généralement une plus large trouée dans l'enveloppe supérieure que dans l'inférieure, on verrait apparaître le phénomène des *taches solaires*. La partie centrale de chaque tache, vue de face, serait la surface solide du soleil relativement très-obscure que nous ne pourrions voir qu'alors. La pénombre, qui entoure la partie centrale, serait formée par les bords de l'ouverture de la seconde enveloppe qui réfléchiraient la lumière de la photosphère.

Mais ce n'est pas tout : au delà de la photosphère doit s'étendre une masse gazeuse non lumineuse, dense et absorbante, tenant en suspension des particules liquides ou solides qui sont la cause des raies obscures du spectre solaire. Cette atmosphère absorbante est nécessaire aussi pour expliquer comment la chaleur et la lumière, rayonnées par le soleil vers les bords du disque, ont moins d'intensité qu'à la partie centrale. Enfin, au-dessus de cette seconde atmosphère il en existe une troisième beaucoup plus étendue, mais d'une densité excessivement faible, visible seulement dans les éclipses totales de soleil.

Il faut maintenant se demander en quoi consiste la *photos*-

phère et quels sont les phénomènes qui lui donnent naissance et l'entretiennent.

On a bientôt renoncé à l'idée émise par Herschel de n'y voir que des phénomènes de phosphorescence ou des phénomènes électriques, analogues à l'aurore boréale ou aux éclairs de la foudre, phénomènes qui, bien qu'intermittents sur notre globe, auraient pu, sans grande difficulté, être supposés continus dans l'atmosphère solaire. Mais, indépendamment de beaucoup d'autres considérations, la faiblesse de la cause, surtout par rapport à la chaleur, ne répondait pas à l'intensité des effets.

La nature du spectre solaire, composé de larges bandes diversement colorées et séparées seulement par de fines raies obscures, exige, comme nous l'avons déjà dit, que la photosphère ne soit pas un simple gaz à l'état d'incandescence, mais un gaz très-chaud, tenant en suspension des particules solides ou liquides à l'état d'ignition. Il doit donc se produire dans la photosphère un phénomène de combustion *incomplète*, analogue à ce qui se passe dans les flammes *éclairantes* des bougies, des lampes et du gaz de l'éclairage, flammes qui ne rayonnent puissamment la chaleur et la lumière, que grâce aux particules solides, de carbone particulièrement, qui y sont à l'état d'incandescence.

Qu'est-ce qui alimente cette combustion? Sans aucun doute, dans la théorie que nous exposons, le principal aliment de la photosphère doit provenir, comme produit de distillation ou de décomposition, du corps central solaire lui-même. Mais ici commence la difficulté physique. D'après M. Coyteux et tous ceux qui soutiennent l'hypothèse de Herschel, la surface solide du soleil et même le noyau liquide sont à des températures bien inférieures à celle qui règne dans la photosphère. Je laisse pour le moment la plus grande difficulté de cette hypothèse, c'est de concevoir un corps solide ou liquide, non pas *momentanément*, mais *perpétuellement* au sein d'une enveloppe gazeuse, fermée de toute part, sans que ce solide ou liquide puisse jamais atteindre la température de son enceinte. Nous montrerons bientôt que cela est contraire aux principes de la physique les mieux établis. Mais nous accordons provisoirement le fait et nous en poursuivons les conséquences.

Ces vapeurs combustibles, formées par distillation ou par décomposition au sein de la masse solide ou liquide du soleil, et qui s'élèvent jusqu'à la photosphère pour l'alimenter, seront nécessairement à une moindre température que cette photosphère elle-même. Qu'est-ce qui déterminera la combustion ? Vous savez que toute combustion suppose nécessairement la présence de deux corps à tendance électrique différente, l'un électro-négatif ou *comburant*, tel que l'oxygène ou le chlore, l'autre électro-positif ou *combustible*, tel que le carbone ou l'hydrogène. Si les matières gazeuses qui arrivent dans la photosphère sont simplement combustibles, il faudra pour brûler qu'elles trouvent le *comburant* autour de la photosphère, de même que notre gaz de l'éclairage ne brûle avec flamme que parce qu'il trouve, autour du bec d'où il sort, l'oxygène de l'air. Si, au contraire, le comburant et le combustible sont mélangés dans les vapeurs ascendantes, la combustion s'étendra nécessairement jusqu'au noyau solaire. Dans l'hypothèse de M. Faye, on évite ces difficultés. Les gaz *dissociés*, combustibles et comburants mêlés, viennent de la partie centrale avec une température primitive bien supérieure à celle de la photosphère. Leur refroidissement graduel, pendant qu'ils montent en se dilatant, les amène à une température à laquelle les agrégations physiques et les combinaisons chimiques peuvent avoir lieu. De là le phénomène qui produit la photosphère, c'est-à-dire rayonnement considérable de chaleur et de lumière par les *agrégats* physiques et chimiques qui résultent de ces actions. Ces produits plus denses que l'atmosphère retombent dans les couches inférieures plus chaudes où leurs éléments seront dissociés pour remonter de nouveau plus tard, et redonner naissance au même ordre de phénomènes.

M. Coyteux a essayé de combiner les deux systèmes, inconciliables, suivant nous, d'Herschel et de Faye :

« Je conçois, dit-il, la photosphère comme formée d'une matière gazeuse en combustion, du moins dans une notable portion de son épaisseur. Cette combustion est continuellement alimentée par des gaz qui, plus légers que l'atmosphère solaire, s'élèvent du soleil vers la photosphère. Les matières provenant de la combustion, plus pesantes au contraire que l'atmosphère, tombent vers le corps central, vont subir une décomposition par suite de laquelle, devenues moins denses, elles remontent vers la photosphère pour l'alimenter et ainsi de suite.

» Mais la décomposition des matières provenant de la combustion qui se produit à la photosphère a-t-elle lieu à la surface du corps opaque du soleil? Dira-t-on que leur décomposition ne pourrait s'opérer que sous l'influence d'une température supérieure à celle de la photosphère, où la combustion aurait eu lieu, et que la température, régnant sur le globe solaire, devrait être de beaucoup supérieure à celle de la photosphère? Je contesterais la première assertion qui est démentie par la chimie terrestre : on sait, par exemple, que l'eau formée à une haute température est décomposée à la température ordinaire par le potassium, qui s'empare de l'oxygène pour lequel il a une très-grande affinité. »

Mais, répliquerons-nous à M. Coyteux, si les choses se passent de cette manière par simple décomposition chimique, il n'y aura dans chaque cas que l'un des éléments de la combustion à être restitué à la photosphère. Non, dira-t-il, car quelque part ailleurs, une décomposition différente restituera le second élément. Alors, poursuivrons-nous, le gaz comburant et le gaz combustible monteront là-haut par des canaux différents; autrement, s'ils arrivent mélangés, une fois la combustion commencée, elle s'étendra nécessairement jusqu'à leur source. Si l'oxygène et le gaz de l'éclairage, mélangés dans les tuyaux de conduite, arrivaient ensemble au bec, on sait ce qui s'ensuivrait quand on enflammerait le gaz.

M. Coyteux semble avoir pressenti l'objection, car il ajoute : « La théorie de M. Faye n'est point admissible; mais ne peut-on pas, tout en la rejetant sous d'autres rapports, lui emprunter, jusqu'à un certain point, son procédé d'alimentation de la photosphère?

» Rien, je pense, n'empêche de supposer que la photosphère, à une grande profondeur, offre un état de dissociation, une chaleur bien plus considérable que celle de sa surface, et qui décompose les résidus de la combustion opérée dans la partie extérieure, entraînés par leur propre poids vers les couches inférieures. Cette décomposition effectuée, les gaz en provenant remonteraient vers la surface et ainsi de suite. De cette manière, on concevrait bien que les mêmes gaz de la photosphère, par des combinaisons et décompositions successives, pussent fournir indéfiniment les éléments nécessaires à une active et générale combustion, effectuée principalement à la surface solaire. La seule cause d'atténuation de la chaleur serait dans l'abaissement graduel de la température des couches profondes où devrait s'opérer la décomposition, et l'on pourrait penser que cet abaissement est extrêmement lent, car d'abord un gaz en dissociation rayonne extrêmement peu de chaleur, et on sait maintenant que, dans plusieurs cas, une décomposition, loin d'absorber de la chaleur, en produit une quantité notable (par exemple, la décomposition du protoxyde d'azote)... »

Mais M. Coyteux oublie ici que si, dans une action physique ou chimique, il se produit de la chaleur, dans l'action contraire il doit se produire nécessairement du froid, en égale quantité, et que, par conséquent, si les gaz composés, en se dissociant dans les couches inférieures de la photosphère, produisent de la chaleur, en venant se recomposer dans les couches supérieures, ils refroidiront ces couches, loin d'en entretenir la chaleur. Comment donc s'entretiendra le rayonnement si intense de la photosphère extérieure! Aussi, sans renoncer à cette cause, dont nous venons de démontrer la nullité, M. Coyteux en invoque d'autres.

» Et pourquoi, dit-il, n'admettrait-on pas diverses sources d'alimentation calorifique du soleil? Pourquoi ne penserait-on pas que l'incandescence de l'astre (à la périphérie) est entretenue, se maintient par des matières gazeuses, gazéiformes, provenant des éruptions volcaniques, par celles résultant de la décomposition opérée dans les couches les plus chaudes de la photosphère, par celles résultant de décompositions ou de volatilisations effectuées sur les corps du soleil, enfin par les corpuscules tombés sur la photosphère. »

On voit ici que notre auteur dans l'embarras, et on le serait à moins, fait, comme on le dit, flèche de tout bois, et emprunte de toutes mains, à tous les systèmes. Il invoque donc ici l'hypothèse de la chute sur le soleil de matières cosmiques, hypothèse émise pour la première fois par Galilée, et développée de notre temps, à l'aide de la théorie mécanique de la chaleur, par le docteur-médecin allemand Mayer et le professeur anglais Wil. Thompson. « L'hypothèse d'une pluie de matières cosmiques sur le soleil, dit-il, ne me paraît pas inadmissible. »

« Remarquons que l'on peut supposer que la chaleur solaire est entretenue par cette pluie, de quelque manière qu'on l'entende, sans exclure l'hypothèse si plausible d'ailleurs, que, *sous la photosphère, réside un corps opaque protégé contre la chaleur solaire par une enveloppe réfléchissante*, et que c'est ce corps qu'on aperçoit et qui forme le noyau d'une tache, lorsque ces enveloppes se déchirent par une cause quelconque (1) ». Et la cause la plus habituelle, nous dit ailleurs M. Coyteux, est dans la force ascendante des matières vomies dans les éruptions volcaniques du soleil, force ascendante qui occasionne cette trouée conique dans les deux enveloppes, la couche réfléchissante et la photosphère, d'où résultent toutes les apparences que présentent les taches, et dont le détail nous entraînerait trop loin (2).

On le voit ici, Messieurs, c'est à cette hypothèse fondamentale, dont nous avons souligné les termes, d'un corps central obscur protégé par une première enveloppe *réfléchissante* contre le rayonnement de la seconde enveloppe incandescente ou photosphère, qu'il faut s'attacher, si l'on veut renverser le système *Herschelien*; autrement on trouvera toujours quelque échappatoire pour en éluder les conséquences, quelque difficiles qu'elles soient à concilier avec les faits. J'ai toujours été surpris que de si excellents physiciens qu'Arago et sir John Herschel, le fils, aient pu sauter, pour ainsi dire, à pieds joints par-dessus l'énorme contradiction qui se trouvait à la base de cette hypothèse, à savoir, celle d'un corps solide ou liquide se maintenant *indéfiniment* à une température beaucoup plus basse que celle de *son enceinte* fermée de toute part. Nous disons indéfiniment, car s'il ne s'agissait que d'un phénomène *momentané*, la physique terrestre elle-même nous en fournirait quelques exemples, et comme certains d'entr'eux ont été cités à l'appui de la défense du système Herschelien, permettez-moi de réfuter les analogies qu'on a cru y trouver.

Vous connaissez la curieuse expérience de Boutigny, que nous reproduisons chaque année dans nos cours, et dans laquelle on fait sortir d'un creuset de platine chauffé au blanc un morceau de glace provenant d'eau subitement congelée par la vaporisation de l'acide sulfureux liquide. Dans son bel ouvrage : l'*Espace céleste et la nature tropicale*, M. Emmanuel Liais invoque hardiment ce fait pour établir qu' « on peut non-seulement protéger » un corps placé dans une enceinte, portée au rouge contre » le rayonnement de cette enceinte mais même développer au

(1) P. 266-273.
(2) P. 179.

» centre d'un fourneau à la température rouge-blanc une source
» de froid assez intense pour faire congeler l'eau. »

En vérité, s'il pouvait en être ainsi du soleil, je n'en plaindrais
guère les habitants ; ils pourraient narguer leur atmosphère
brûlante, boire du champagne frappé et prendre les bains à la
russe, en sortant d'une étuve, pour faire un plongeon sous la
glace de leurs fleuves. Mais pourquoi ne pas citer l'expérience
plus ancienne de Rumford qui, à l'aide d'un four de campagne,
faisait cuire une *omelette soufflée*, au milieu de laquelle se main-
tenait, sans se fondre entièrement, un assez gros morceau de
glace? Tout cela ne saurait être sérieux. Comment comparer des
phénomènes pour ainsi dire instantanés à un état, sinon per-
manent, du moins d'une durée indéfinie? Que deviendrait la
glace dans une sphère close de platine maintenue au rouge-blanc
pendant seulement une heure? Elle serait non-seulement fondue
et volatilisée, mais l'oxigène et l'hydrogène de l'eau seraient
probablement dissociés, si l'enveloppe résistait à la pression intérieure de la vapeur.

Un autre fait plus approprié, ce me semble, à la comparaison qu'on veut ici établir, s'est présenté jadis à mon esprit. Un
soir que je réfléchissais à la théorie Herschelienne, je jetai les
yeux sur la flamme de ma bougie. Mais, me dis-je, n'est-ce pas
là une image fidèle de la constitution de l'astre qui nous éclaire,
et cette bougie n'est-elle pas un soleil en petit? L'enveloppe
extérieure de la flamme est seule lumineuse et incandescente,
c'est la photosphère ; le lumignon qui reste noir tant qu'il n'atteint pas cette enveloppe, c'est le noyau central obscur du soleil,
et cette masse de gaz transparente, mais non incandescente qui
entoure le lumignon et vient graduellement se brûler à l'extérieur pour entretenir la partie éclairante de la flamme, c'est
l'atmosphère solaire, non lumineuse par elle-même, interposée
entre la photosphère et le noyau. Nous avons ici un phénomène
qui durera autant que la bougie. J'étais enchanté de ma découverte et très-surpris que personne ne l'eût faite avant moi. Mais
un peu de réflexion me montra toute la vanité de cette nouvelle
analogie. C'est tout simplement un phénomène de distillation
de la matière grasse, semblable à celui de la houille qui donne
le gaz de l'éclairage, mais *où le gaz combustible ne se dégage pas
avec le comburant*, comme cela devrait avoir lieu dans le soleil.

Où serait l'oxygène pour brûler le gaz qui distillerait le corps central (1)? C'est là la grande difficulté et elle suffit pour détruire toute analogie entre ces phénomènes.

J'aborde maintenant de front la question, et je soutiens que, dans les conditions définies pour l'entretien de la température de la photosphère, il est impossible de supposer que le noyau central du soleil soit à une température de beaucoup inférieure à celle de cette enceinte, à moins d'admettre que les principes de notre physique terrestre ne sont point applicables à la physique solaire, et alors je ne vois pas ce que nous poursuivons dans nos recherches sur la constitution de cet astre. S'il ne s'agit que de faire œuvre d'imagination, autant en revenir à l'*Histoire des États et Empires du soleil* de Cyrano de Bergerac.

Supposons, avec MM. Coyteux et Herschel fils (2), que ce qui protège le noyau solaire contre le rayonnement de la photosphère soit une enveloppe nuageuse intermédiaire, douée à un très-haut degré de pouvoir réflecteur. Quelque grand que soit ce pouvoir réflecteur, il ne peut être absolu; car il n'y a rien d'absolu dans la nature. Supposons donc que sur 100 rayons reçus de la photosphère, l'enveloppe réfléchissante en réfléchisse 99 et en absorbe 1. Comme *le pouvoir émissif est toujours égal au pouvoir absorbant*, ce dernier étant ici de $\frac{1}{100}$ pour l'enveloppe protectrice, le pouvoir émissif ne sera aussi que de $\frac{1}{100}$. Dès lors, comme cette enveloppe ne rayonnera que $\frac{1}{100}$ de la chaleur absorbée et $\frac{1}{100}$ de sa chaleur propre, tant que cette dernière sera moins grande que celle de la photosphère, c'est-à-dire tant qu'elle sera à une température moins élevée, la chaleur qu'elle reçoit surpassant celle qu'elle perd, elle devra s'échauffer et finira conséquemment par atteindre la température de la photosphère. Rayonnant alors à son tour vers le noyau plus de chaleur qu'elle n'en reçoit de celui-ci, il faudra bien que ce dernier arrive à la même température qu'elle. L'hypothèse toute gratuite que fait M. Coyteux d'une photosphère, plus rayonnante à l'extérieur qu'à l'intérieur (3), est trop

(1) M. Coyteux suppose bien, dans la partie supérieure de l'atmosphère solaire, *un élément jouant le rôle de l'oxygène* (page 277); mais d'où vient-il? comment se renouvelle-t-il, sans se mêler aux gaz combustibles de l'atmosphère inférieure?

(2) M. Coyteux, p. 199. — Sir John Herschel's Outlines, of Astronomy, p. 258.

(3) Page 200 et suiv.

excentrique pour qu'on s'y arrête et, au fond, elle ne changerait rien à la conséquence : il suffirait d'appliquer à la couche infé-rieure de la photosphère le raisonnement que nous avons fait pour l'enveloppe réfléchissante.

M. Emmanuel Liais (1) défend autrement l'hypothèse Herschelienne. Partant de ce fait que « l'air est d'autant plus froid qu'on s'élève davantage, sur notre terre, au-dessus du sol, les pro-priétés de notre atmosphère, dit-il, maintiennent donc la terre chaude, au centre d'une enceinte froide, phénomène inverse de celui *que nous observons* (dites que nous supposons) dans le soleil, mais qui s'explique de la même manière. »

« Si nous supposons, en effet, une propriété inverse de celle de l'atmosphère terrestre à l'atmosphère qui sépare du noyau du soleil l'enveloppe lumineuse de cet astre, c'est-à-dire si cette atmosphère ne se laisse que difficilement traverser par les rayons de la photosphère, et livre un passage facile aux rayons émanés des sources de basse température, tels que ceux du corps central obscur, on voit que ce dernier peut perdre sa chaleur plus aisément qu'il ne reçoit les rayons de la photos-phère, et dès lors la température reste beaucoup inférieure à celle de l'enveloppe lumineuse. »

Il ne s'agit plus ici, comme on le voit, de pouvoir réflecteur, mais de ce que, depuis Melloni, on appelle *diathermanéité*, ou transparence pour la chaleur, propriété qui varie, en effet, pour un même corps, selon la nature des rayons qui se présentent pour le traverser. Ainsi un corps, tel que le sel gemme *enfumé*, peut laisser passer les rayons de chaleur obscure et arrêter les rayons de chaleur lumineuse. Eh bien! j'accorde que la couche nuageuse interposée entre la photosphère et le noyau central solaire jouisse de cette propriété du sel gemme enfumé. Si elle arrête les rayons lumineux de la photosphère, c'est évidemment en les absorbant, au moins en partie ; dès lors elle s'échauffera, et quand bien même la conductibilité serait imparfaite, elle finira par rayonner sur le noyau la chaleur qu'elle aura ainsi absorbée. Le résultat sera encore le même que dans le cas précédent, du moment qu'il ne peut s'agir ici d'un phénomène *momentané*, comme dans nos expériences de cabinet, mais d'un état *perma-nent*. Le sel gemme enfumé, enfermé dans une enceinte, à la

(1) *L'espace céleste*, p. 62-63.

température rouge-blanc, finirait certainement par atteindre cette température.

L'analogie de l'atmosphère de notre globe avec celle du soleil, tout *inverse* qu'elle soit, n'est point ici admissible. Le soleil qui rayonne vers la terre ne couvre que la $\frac{1}{52500}$ partie de la sphère céleste (1). La terre peut recevoir une énorme chaleur d'une si faible partie de son enceinte, parce que vers tout le reste de cette enceinte elle rayonne, sans retour sensible, la chaleur qu'elle reçoit du soleil. Mais si ce même soleil s'étendait en atmosphère incandescente tout autour de la terre, je vous garantis bien que sur les plus hautes montagnes il n'y aurait pas de neiges perpétuelles. Je ne puis trop m'étonner que des préoccupations systématiques fassent oublier à de si excellents physiciens les principes les plus élémentaires de la physique, du moins de notre modeste physique terrestre. S'il en est une autre pour le soleil, encore une fois qu'on le dise, et alors il sera tout à fait inutile d'en raisonner. Il faudra se borner à observer et décrire les phénomènes que l'œil, aidé du télescope, y découvrira sans chercher à les expliquer.

Mais, me dira-t-on, la critique est aisée...; que pensez-vous enfin sur la question? Il m'est ici bien plus facile, comme en beaucoup d'autres choses, de dire ce *qui n'est pas*, que ce *qui est*. Je crois donc que, sans faire injure à la science de la physique solaire ni aux illustres savants qui croient l'avoir fondée, je puis avouer, en toute humilité, que ce que je sais là-dessus, c'est que je ne sais rien, j'entends rien de certain et de positif. Mais cette partie de la science est bien jeune : elle date à peine d'un siècle ou deux. Il n'y a pas lieu d'en désespérer. S'il s'agit de simple opinion, j'ajouterai qu'au point de vue physique, la théorie de M. Faye me paraît seule satisfaisante. Mais je ne suis pas assez compétent en astronomie pour savoir si cette théorie se concilie avec les faits observés.

La question des habitants du soleil me semble tranchée par l'hypothèse qui me paraît la plus plausible, à moins d'admettre, ce dont M. Coyteux ne paraît pas très-éloigné, que les solariens ressemblent à ces esprits que les Cabalistes appelaient *salaman-*

___

(1) Le diamètre apparent du soleil étant de 1/2 degré, on a pour la fraction correspondante de la surface de la sphère céleste $\frac{720^2}{\pi^2}$ = à peu près $\frac{1}{52500}$.

dres, vivant au milieu du feu et ne respirant à l'aise que dans une fournaise ardente!

Au reste, puisque M. Coyteux lui-même est aussi d'avis, comme nous, que notre terre n'est qu'un petit soleil éteint, pourquoi lui répugnerait-il de supposer, avec tous les géologues, que la vie n'a pas toujours existé à la surface de ce globe, et que les végétaux et les animaux n'y ont apparu que quand un abaissement énorme de la température, accompagné de mille révolutions géologiques, a amené enfin les conditions d'habitabilité pour les êtres organisés. Et s'il en a été ainsi d'un petit soleil, s'il a pu subsister longtemps sans habitants, pourquoi n'en serait-il pas de même d'un beaucoup plus grand? Un jour aussi le soleil qui nous échauffe et nous éclaire se refroidira et s'éteindra. Il deviendra alors une grosse planète et pourra se peupler d'êtres organisés végétants, sentants, pensants. Mais nous autres pauvres humains, *et nos homunculi*, que deviendrons-nous? Quand je dis nous, c'est par figure, en songeant à notre postérité la plus reculée. Car je ne suis pas de ceux qui disent insoucieusement : *Après moi le déluge :*

Homo sum : humani nihil a me alienum puto.

Plus je m'approche du terme où il faudra la quitter, plus je m'attache et plus je m'intéresse à cette humanité, dont on dit tant de mal. Il y a déjà plus de dix-huit siècles que le poëte latin *vaticinait* à ses contemporains, sous le règne d'Auguste :

Ætas parentum pejor avis tulit
Nos nequiores, mox daturos
Progeniem vitiosiorem.

Chaque génération n'a cessé de faire la même prédiction à la génération qui la suivait; à ce compte, de *cascade en cascade*, nous serions déjà de bien profonds scélérats, et nous ne laisserions plus guère de marge à nos enfants. Heureusement l'histoire est là pour nous montrer que si nous ne valons pas mieux moralement que nos pères, du moins nous ne valons pas pis, et que nous y voyons un peu plus clair : ce qui ne peut qu'aider, avec un peu de bon vouloir, au progrès de la moralité. En songeant au passé nous regrettons *cela*, mais nous ne voudrions pas céder *ceci* pour le ravoir, et somme toute, comme le disait naguère avec tant d'autorité M. Guizot, il n'est aucune époque de l'histoire où nous aurions préféré vivre plutôt qu'à la nôtre. J'espère donc que nos arrière-neveux pourront toujours rendre à leur temps le même témoignage. C'est pourquoi je me reprocherais de leur prédire une catastrophe imméritée. Non, je ne puis croire que l'humanité, le dernier germe éclos de la semence divine, où est venue s'épanouir cette belle fleur de la création : la pensée, soit condamnée à se flétrir et à se dessécher sur sa tige, faute de la lumière et de la chaleur du soleil. L'astronomie nous apprend que cet astre nous entraîne avec tout son cortége planétaire dans les plages célestes, peut-être vers quelque vaste nébuleuse prête à se transformer en un soleil encore plus grand que le nôtre, sous la protection duquel ce dernier, devenu vieux, se placera avec tous ses enfants, c'est-à-dire toutes les planètes de son système. Qui n'aime à espérer que l'humanité, au lieu de périr si tristement par suite de l'extinction de son soleil, trouvera dans les feux de ce nouvel astre de nouvelles causes de progrès dans le développement de ses destinées ?

Par d'autres voies, M. Coyteux arrive à des aspirations qui sont encore plus élevées : je ne pourrais mieux terminer ce rapport que par cette belle page que je lui emprunte :

« Combien elle charme l'imagination ! qu'elle est grande cette pensée que tous les astres du firmament sont habités, qu'ils le sont par des êtres variant à l'infini dans leur constitution, leurs facultés, en raison de l'immense variété des mondes où ils vivent !

» Le dirai-je ? dans mes rêveries philosophiques, j'ai songé que les êtres d'un monde, loin d'être bornés à l'existence de ce monde, sont destinés à passer successivement dans tous les autres ou dans la plupart des autres, parcourant ainsi graduellement une immense échelle d'existences de plus en plus actives, progressives, heureuses. Je l'avoue même, ce songe acquiert parfois chez moi la force d'une vive espérance, sinon d'une croyance arrêtée.

» Je me représente les mondes inconnus comme les lieux où mon âme, séparée pour ainsi dire de son enveloppe terrestre, sans perdre le souvenir de son existence passée, doit aller successivement animer des corps nouveaux, pour y participer à des civilisations de plus en plus avancées, où le développement moral et intellectuel, joint à de grandes facultés physiques, procurera une vive et noble félicité, un bonheur incessant, toujours nouveau, toujours croissant, et où l'on retrouvera et reconnaîtra les personnes avec lesquelles on aura vécu précédemment.

» Je l'avoue, toutefois, ma philosophie ne saurait me fournir la démonstration d'un tel ordre de choses, d'un si bel avenir ; mais aussi elle ne rejette point la possibilité de sa réalisation. Je puis donc l'espérer et je l'espère (1). »

TROUESSART.

(1) Pag. 388-389.

RÉPONSE

DE M. COYTEUX

C'est d'abord un remercîment que j'adresse à M. Trouessart. Je le remercie d'avoir bien voulu sacrifier à l'examen de mon livre et à la rédaction de son remarquable rapport une notable partie de ces jours de loisir que lui laissent, chaque année, les exigences de son haut et si utile enseignement.

En somme, on le voit par ce rapport, dans cette grande question de la constitution solaire, les sympathies du savant professeur ne sont point pour l'hypothèse herschélienne. Il reconnaît qu'elle est plus satisfaisante que les autres au point de vue astronomique, mais elle lui paraît blesser les lois de la physique, du moins de la physique terrestre. La théorie de M. Faye qui, il l'avoue, froisse à certains égards des faits observés, lui semble préférable, en ce que, respectant, selon lui, les lois physiques, elle serait d'ailleurs plus philosophique, en se prêtant mieux à une généralisation des procédés génésiques des mondes, des astres qui peuplent l'espace. Il soupçonne et insinue que ce serait au contraire, pour moi, une raison de ne pas l'accepter, à cause de mon refus de reconnaître des lois absolues dans la nature.

Je crois que, tout bien pesé, les griefs de M. Trouessart contre la théorie que je soutiens ne sont pas fondés, et cela ressortira des discussions auxquelles je vais me livrer.

Premièrement.— Au point de vue rationnel, il est vrai, j'ai contesté et conteste encore les grandes lois de la nature que soutient si ardemment mon honorable critique. J'ai dit ailleurs (notamment dans ma réponse à un rapport dont l'éminent physicien voulut bien honorer mes *Discussions sur les principes de la physique)* les raisons qui m'ont déterminé. Je les résume ainsi :

1° La croyance aux lois de la nature ne s'impose pas à la raison. Elles sont conclues par induction de phénomènes jugés conformes, qu'on rapporte aux mêmes causes, mais l'induction peut errer par l'ignorance où l'on est des véritables causes, de toutes celles qui peuvent influer sur les phénomènes.

2° Non-seulement nous ne connaissons pas toutes les causes, mais la matière paraît devoir être variée dans sa nature même. Ses parties sont d'ailleurs dans un flux continuel, changent incessamment dans leurs dispositions, leurs situations relatives. Il doit en résulter des modifications, des variations continuelles aussi dans les effets produits. Cela ôte à la *raison pure* le droit de reconnaître et de proclamer les lois qui régissent la nature. Ainsi, par exemple, la raison ne peut admettre la loi de Newton sur la gravitation universelle ; car la raison dit que des corps composés de parties essentiellement différentes ne peuvent s'attirer suivant une même loi. Certes, l'oxygène, l'hydrogène, le carbone, l'azote, etc., etc., ne sont pas d'une même nature ; ils diffèrent par leur affinité chimique, ils ne peuvent attirer au même degré, à même distance. Étant substantiellement différents, leurs propriétés, leurs actions, au contact ou à distance, ne sauraient être identiques.

M. Trouessart répète que l'on doit proclamer les lois physiques sans s'inquiéter des modifications, des perturbations que les faits particuliers pourraient apporter à leur manifestation, sauf à expliquer ensuite ces perturbations par des hypothèses particulières. — Mais cette manière de procéder n'est pas *rationnelle ;* car il pourra bien se faire que l'explication de ces particularités soit incompatible avec les lois préalablement admises, et alors il faudra supprimer celles-ci ou renoncer à l'explication de maint phénomène particulier et, dans ce dernier cas, la science ne pourra se faire. Au reste, pour la *science pratique*, il peut être bon, utile, de supposer des lois, pourvu qu'on y apporte toute la circonspection désirable, et que, d'ailleurs, on se résigne à rejeter ces hypothèses quand elles se trouvent inconciliables avec des faits ultérieurement reconnus. Mais, encore une fois,

quelles que soient les lois auxquelles on s'arrête, on ne pourra
les affirmer par la *raison*, les soutenir avec l'autorité que celle-
ci imprime aux principes qui s'imposent, comme ceux-ci : *le tout
est plus grand que sa partie; le chemin le plus court d'un point à
un autre est la ligne droite.*

Secondement. — Je ne vois point bien pourquoi il est plus philosophique de supposer à tous les astres une semblable origine,
une pareille série de transformations, que de penser, au contraire,
que les grands corps célestes présentent, sous ce rapport, une
immense variété.

Troisièmement. — Veut-on que tous les astres, d'abord à l'état
de nébuleuse, se condensent et deviennent des soleils analogues
au nôtre, et que, passant par diverses phases de chaleur et de
lumière, et divers degrés de développement, ils doivent finalement s'éteindre et constituer ainsi des planètes ? Eh bien ! le système que j'ai développé, soutenu, touchant la constitution solaire,
permet aussi de supposer une généralisation de ce genre, et c'est
précisément ce que j'ai fait. Dans le livre où j'ai exposé ce système, j'ai, je crois, suffisamment montré qu'on pourrait penser
que les planètes, comme le soleil, sont arrivées à présenter plusieurs enveloppes, une opaque et réfléchissante, l'autre lumineuse
par elle-même, puis, par le refroidissement graduel, se sont
éteintes complétement.

Ainsi, en rejetant la théorie de M. Faye, je n'ai donc pas été
influencé par la considération que me prête M. Trouessart.

Quatrièmement. — Nous verrons que, dans mon système, on
peut admettre les trois phases principales que M. Faye attribue
à la constitution du soleil; je montrerai que le soleil peut avoir
passé par la phase qui, selon lui, serait actuelle, et être arrivé à
la troisième phase, celle où il aurait déjà une croûte, une couche
extérieure solidifiée, et de plus, autour de lui, une atmosphère
dans laquelle seraient suspendues, à peu près comme nos nuages
dans l'atmosphère terrestre, les enveloppes gazeuses ou vaporeuses que les observations ont révélées.

Est-il vrai, maintenant, que la théorie herschélienne soit
inconciliable avec les principes de la physique terrestre ? A ce
point de vue, le savant professeur dresse toutes ses batteries contre elle. Je discuterai toutes les objections, toutes les argumen-
tations qu'il lui oppose, dans cet ordre d'idées; mais à tout
seigneur tout honneur : je m'occuperai donc tout d'abord de la

plus formidable, celle qu'il regarde comme renversant de fond en comble un système qui pourtant serait si favorable à l'explication des observations astronomiques.

Voici la prétendue démonstration dont il s'agit :

« Quelque grand que soit le pouvoir réflecteur de l'enveloppe intermédiaire, il ne peut être absolu ; car il n'y a rien d'absolu dans la nature (excepté apparemment les lois que M. Trouessart aime tant à proclamer). Supposons donc que sur 100 rayons reçus de la photosphère, l'enveloppe réfléchissante en réfléchisse 99 et en absorbe 1. Comme *le pouvoir émissif est toujours égal au pouvoir absorbant*, ce dernier étant ici de $\frac{1}{100}$ pour l'enveloppe protectrice, le pouvoir émissif ne sera aussi que de $\frac{1}{100}$. Dès lors, comme cette enveloppe ne rayonnera que $\frac{1}{100}$ de la chaleur absorbée et $\frac{1}{100}$ de sa chaleur propre, tant que cette dernière sera moins grande que celle de la photosphère, c'est-à-dire tant qu'elle sera à une température moins élevée, la chaleur qu'elle reçoit surpassant celle qu'elle perd, elle devra s'échauffer et finira conséquemment par atteindre la température de la photosphère. Rayonnant alors à son tour vers le noyau plus de chaleur qu'elle n'en reçoit de celui-ci, il faudra bien que celui-ci arrive à la même température qu'elle. »

M. Trouessart, comme on voit, suppose ici que les enveloppes solaires forment des enceintes continues. Or, telle n'est point la réalité : les observations astronomiques ont montré, révélé dans la photosphère, des masses de formes distinctes en mouvement, changeant de positions respectives, et, dans la théorie herschélienne, on explique fort bien les points noirs ou sombres qu'on aperçoit à la surface solaire, en admettant que les points noirs sont des parties du corps central aperçues à travers des trouées existantes dans les deux enveloppes, et que les points moins sombres, d'une teinte grisâtre, sont des parties de l'enveloppe inférieure vues à travers des trouées de l'enveloppe photosphérique. Ces points ou pores, qui sont innombrables et qui paraissent si petits, ont en général une étendue très-notable.

M. Trouessart fonde son raisonnement sur ce principe que, pour la chaleur, le pouvoir émissif est égal au pouvoir absorbant. Or, ce principe est contestable. Les expériences de Dulong et Petit paraissent l'avoir vérifiée jusqu'à 300°. MM. de la Provostaye et Desains ont observé le pouvoir rayonnant à la température du platine incandescent ; ils ont reconnu que le pouvoir

rayonnant du borate de plomb diminue notablement quand sa
température est portée au rouge naissant ; qu'à 100°, il est sensiblement égal à celui du noir de fumée, tandis qu'il n'est que
0,75 à 550°, résultat qu'on explique en supposant que la nature
des rayons qui se présentent pour sortir varie avec la température. Toujours est-il que le pouvoir émissif n'est pas constant,
et, s'il en est de même pour le pouvoir absorbant, rien ne
prouve qu'ils soient encore égaux pour les hautes températures.
Le blanc de céruse, à 100°, possède le même pouvoir émissif
que le noir de fumée, et cependant il réfléchit par diffusion une
grande quantité de chaleur, qui augmente avec l'intensité de la
source, ce qui implique un faible pouvoir absorbant dans les
hautes températures. Comment assurer que, pour toutes les substances, connues ou inconnues, et à toutes les températures, le
pouvoir absorbant est invariablement égal au pouvoir émissif ?
  Mais admettons, si l'on veut, le principe de l'égalité absolue
de la chaleur absorbée et de celle rayonnée par un corps quelconque, et raisonnons dans cette hypothèse.
  Il est plausible que l'enveloppe réfléchissante se trouvait elle-
même à une température très-élevée, quand la seconde enveloppe, passant de l'état de dissociation à celui de combustion, a
commencé à rayonner vers elle une énorme quantité de chaleur. Mais, si sa nature était extrêmement réfléchissante, fort
peu absorbante, conséquemment fort peu rayonnante, elle n'a
absorbé instantanément qu'une infime quantité de la chaleur
que lui envoyait la photosphère ; elle n'a de même rayonné instantanément qu'une portion infime de cette quantité absorbée.
De plus elle a instantanément rayonné une quantité proportionnellement égale de sa chaleur propre, et, comme sa chaleur
propre était très-considérable, elle a momentanément perdu
incomparablement plus de chaleur par rayonnement qu'elle n'en
a acquis par absorption. L'absorption elle-même a pu diminuer
par la diminution plus ou moins grande du rayonnement photosphérique ; mais supposons que l'absorption n'ait pas diminué,
qu'elle ait même augmenté jusqu'à un certain point, pendant
un certain temps, il est supposable que, grâce à sa fort grande
provision de chaleur propre, l'enveloppe réfléchissante a continué à rayonner en somme bien plus de chaleur qu'elle n'en a
absorbé. L'excès de son rayonnement sur son absorption a dû,
il est vrai, diminuer de plus en plus, mais rien n'empêche de

penser que, si long que soit le temps depuis lequel l'enveloppe réfléchissante a reçu les rayons photosphériques, l'excès a persisté et persistera longtemps encore dans une certaine mesure.

Considérons, d'autre part, que la chaleur photosphérique du soleil, quelles que soient les causes ou la cause qui l'ont entretenue, a sans doute diminué insensiblement, fort lentement. Or, si, d'une part, l'enveloppe réfléchissante s'est échauffée avec une extrême lenteur, tandis que la photosphère s'est fort peu refroidie. Il est admissible que la température de la première est encore énormément loin d'atteindre celle de la seconde.

Voyons maintenant quel a pu être, dans l'hypothèse, l'effet calorifique du rayonnement de l'enveloppe réfléchissante sur la température du corps central.

Quelle que soit la température de cette enveloppe, son rayonnement est relativement très-faible, puisqu'elle est supposée extrêmement réfléchissante. extrêmement peu absorbante. Or, le corps central était encore à une température fort élevée, quand l'enveloppe réfléchissante, s'étant formée, a commencé à rayonner sur lui. Cela est plausible; car, étant sans doute à l'état de liquidité ou de solidité très-superficielle, il rayonnait très-considérablement. Je dirai donc, pour lui, ce que j'ai dit pour l'enveloppe réfléchissante : il a dû, dans les premiers temps, rayonner instantanément, en somme, incomparablement plus de chaleur qu'il n'en absorbait instantanément aussi, et cet excès, bien que diminuant de plus en plus, a pu se continuer jusqu'ici et pourra durer encore très-longtemps.

Il est vrai qu'une grande quantité de la chaleur émise par le corps central est réfléchie par la première enveloppe, mais cette enveloppe, je le répète, présente d'innombrables vides, à travers lesquels il peut passer une grande partie des rayons émis ou réfléchis par le corps solaire; et cette quantité de chaleur peut bien longtemps excéder celle qui, rayonnée directement par l'enveloppe réfléchissante, est absorbée par le corps central.

Dira-t-on que si la chaleur propre du corps central est si grande qu'il puisse encore rayonner longtemps plus de chaleur qu'il n'absorbe de celle envoyée par l'enveloppe réfléchissante, ce corps doit être incandescent et ne peut nous paraître noir? Je ne vois point cela; car la quantité de chaleur rayonnée par l'enveloppe réfléchissante peut être, en somme et après tout, supposée aussi petite qu'on voudra; et ainsi celle du corps central peut être bien plus considérable sans être au rouge blanc, sans nous envoyer, à beaucoup près, autant de lumière que l'enveloppe réfléchissante qui nous réflète la bien vive lumière photosphérique, et il peut nous paraître noir à la distance où il est de nous, à côté de l'éclat si resplendissant de la photosphère. Ainsi que je l'ai fait observer, dans mon œuvre, chapitre XI, p. 357, il ne s'agit pas de savoir qu'elle est la chaleur, quel est l'éclat absolu du corps solaire. Il s'agit ici de chaleur et d'éclat relatifs. On peut supposer que le corps central est superficiellement à ce que nous appelons la chaleur rouge, et que cependant sa lumière est faible en comparaison de celle éblouissante de l'enveloppe extérieure et lumineuse de l'astre. Ce que nous appelons *incandescence*, rouge blanc, n'est que relatif à de moindres et diverses intensités lumineuses que nous percevons. Notre rouge blanc terrestre serait sans doute bien pâle, bien effacé, si nous pouvions le voir à côté de la splendide clarté de l'astre du jour, *à la distance où cette clarté à le plus d'intensité*. Pour moi, quand je dis que le corps central n'est pas incandescent, est sombre, est noir, j'entends seulement assurer qu'il l'est relativement à la photosphère.

D'ailleurs, je maintiens que l'enveloppe photosphérique, dans les conditions où je la suppose, doit rayonner plus de chaleur et de lumière à sa partie extérieure qu'à sa surface intérieure. M. Trouessart glisse bien légèrement sur cette donnée qui, suivant lui, est trop *excentrique*, ne mérite pas qu'on s'y arrête. Pourtant elle découle naturellement des autres points de la théorie que je professe. Étant supposé que primitivement la photosphère était dans un état de complète dissociation, n'est-il pas vrai que sa partie extérieure a dû se refroidir, par le rayonnement, plus tôt et avec plus d'intensité que sa partie centrale et que sa couche inférieure, la plus proche de l'enveloppe réfléchissante, qui lui renvoie continuellement une masse de rayons qu'elle en a reçus?

La combustion a donc dû être bien moins intense dans la partie intérieure qu'à la partie extérieure de l'enveloppe photosphérique, et conséquemment le rayonnement a été bien moindre pour la première que pour la seconde.

M. Trouessart assure que, même dans l'hypothèse où la photosphère serait plus rayonnante à l'extérieur qu'à l'intérieur, cela ne changerait rien à cette conséquence qu'il a déduite, que l'enveloppe réfléchissante doit être à une température aussi élevée que la photosphère, parce que, dit-il, il suffirait d'appliquer à la couche inférieure de la photosphère le raisonnement qu'il a fait pour l'enveloppe réfléchissante. Je ne conçois pas ceci. M. Trouessart prétend-il donc que toute l'épaisseur de l'enveloppe photosphérique, quelle que soit cette épaisseur, doit être arrivée à une même température, à un même degré de rayonnement, à un même pouvoir émissif? S'il le prétendait, pourquoi admettrait-il, avec M. Faye, que le refroidissement et la combustion se sont établis vers la surface de la masse gazeuse du soleil, d'abord en complète dissociation, et que l'intérieur est resté à une température excessivement élevée excluant la combustion et par suite rayonnant relativement fort peu de chaleur?

Cette question est très-importante, car la solution que je lui donne atténue considérablement la quantité de chaleur pouvant être rayonnée sur l'enveloppe réfléchissante et sur le corps central qui ainsi peut, encore plus aisément, être conçu comme solidifié à sa partie extérieure et non incandescent.

La photosphère, telle que je la conçois, serait une sorte de lustre à deux faces, l'une tournée vers le soleil, et lui donnant une chaleur et une lumière modérées, permettant au corps solaire d'être consolidé superficiellement; l'autre externe et rayonnant une immense quantité de chaleur et de lumière dans l'espace, portant ainsi la vie dans les planètes qui gravitent autour de l'astre central. Il me paraît qu'il serait téméraire de déclarer qu'un tel état de choses n'est pas réalisable, et, s'il l'est, je ne vois pas pourquoi il ne le serait pas dans notre soleil. Je ne trouve point des motifs suffisants pour rejeter cette hypothèse, dans les considérations alléguées par mon critique. Parce que, de petits faits terrestres, on a conclu certaines règles que trop souvent des exceptions viennent contredire, on n'est pas fondé à rejeter des hypothèses qui expliquent les observations astronomiques, dès que ces hypothèses froissent ou paraissent froisser ces règles, ces prétendues lois absolues.

J'ai voulu poursuivre la critique de M. Trouessart jusque dans son dernier retranchement : le principe de l'égalité des pouvoirs émissif et absorbant ; mais ce principe, je le répète, douteux même dans son application aux substances et températures terrestres, peut bien n'être pas applicable aux substances solaires, du moins dans les températures si hautes qui y règnent. Il est permis de supposer que là, généralement, les pouvoirs en question ne sont pas égaux.

Pour appuyer cette opinion que le soleil est soumis aux mêmes lois physiques que notre globe, on allègue que sans doute cet astre est formé de substances semblables à celles de la terre, en se fondant principalement sur les résultats des expériences spectrales, et aussi sur ce que, d'après le système de Laplace, qu'on regarde comme fort plausible, le soleil et ses planètes sont sortis d'une même nébuleuse.

J'ai déjà discuté et refuté ces spéculations dans mon livre sur le soleil ; mais je ne crois pas inutile d'insister sur ce point, car je pense que bien des esprits persistent à se renfermer dans cet ordre de considérations sur la question de savoir ce que le soleil peut être substantiellement, et si la physique terrestre doit lui être complétement applicable.

Les expériences spectrales sont loin de prouver que toutes les substances du soleil sont semblables à celles de notre globe ; elles montrent seulement tout au plus que certaines substances terrestres se trouvent dans le soleil, dans son atmosphère du moins. On a, au contraire, conclu de ces expériences, que le soleil, du moins son atmosphère, ne contient pas telles substances, tels métaux que nous offre notre planète. Pourquoi donc, réciproquement, le soleil ou son atmosphère n'en contiendrait-il pas d'étrangers à la terre ?

Laplace, comme on sait, suppose que, dans l'état primitif, le soleil était composé d'un noyau plus ou moins brillant, entouré d'une nébulosité qui, en se condensant à la surface du noyau, la transformé en étoile. Selon lui, les planètes ont été formées aux limites successives de l'atmosphère solaire, par la condensation des zones de vapeurs qu'elle aurait, en se refroidissant, abandonnées, principalement dans le plan de son équateur. Ces zones successivement abandonnées auraient formé, par leur condensation et l'attraction mutuelle de leurs molécules, divers anneaux concentriques de vapeurs circulant autour du soleil. Ces anneaux, s'étant rompus en plusieurs masses, ont pris une forme sphéroïdique, avec un mouvement de rotation dans le sens de leur révolution. (Voir, pour les détails de cette théorie, mon livre sur le soleil, page 235.)

1° J'ai fait observer et je répète ici que si le refroidissement fait contracter l'atmosphère solaire, il peut, il doit en être ainsi des gaz ou vapeurs qu'il contient. Il est plausible, supposable que l'atmosphère solaire est peu absorbante de la chaleur ; que par suite elle doit peu rayonner, se refroidir lentement. L'atmosphère terrestre rayonne-t-elle , se condense-t-elle plus par le refroidissement que les vapeurs qui s'y trouvent? Si cela peut être pour quelques vapeurs , ce n'est pas pour la vapeur d'eau qui forme les nuages et la pluie en se condensant.

2° Laplace attribue à chaque sphéroïde résultant de la rupture et condensation de chaque anneau, des transformations semblables à celles qu'il a attribuées à la masse totale primitive. Il admet que le refroidissement a dû produire , aux diverses et successives limites de l'atmosphère de chaque sphéroïde, des anneaux et ensuite des satellites circulant autour de son centre. Mais alors, indépendamment de l'atmosphère générale du soleil, de cette atmosphère qui s'est primitivement retirée de manière à laisser successivement en dehors d'elle les vapeurs des anneaux, il y avait donc originairement, ou il s'est formé après coup , pour chaque spéroïde ultérieur, une atmosphère qui s'est retirée ensuite. Cela est inadmissible; il y a là quelque chose qui ne s'explique pas.

3° Pour que le retrait de l'atmosphère solaire détermine la formation d'anneaux, comme Laplace le suppose, il faudrait supposer aussi que les couches concentriques de vapeurs existant dans cette atmosphère n'étaient pas homogènes , étaient de diverses natures. Si toute la masse solaire , de plus en plus dense de la périphérie au centre, était homogène , c'est-à-dire composée des mêmes substances dans toute son étendue , et dans les mêmes proportions, il n'y a pas de raisons pour qu'elle se soit partagée en zones, en anneaux distincts, séparés les uns des autres par de très-grandes distances.

4° De ce que ces prétendus anneaux auraient eu une vitesse plus grande dans leur partie supérieure que dans l'inférieure, il ne s'ensuivrait pas que les lambeaux de ces anneaux aient dû prendre un mouvement de rotation sur eux-mêmes de manière à constituer les planètes tournant sur elles-mêmes autour et en dehors du soleil. Il est plausible que ces masses auraient continué à faire leur révolution en présentant la même face au soleil, comme notre lune à l'égard de la terre.

5° La lune tourne sur elle-même bien moins vite que la terre vers laquelle elle gravite. De même, les satellites de Jupiter ont une vitesse rotatoire bien moindre que celle de la planète : pourquoi donc le soleil, dans la théorie de Laplace, tourne-t-il au contraire bien plus lentement que ses planètes? Il y a là un désaccord inexplicable, surtout si l'on suppose que la masse primitive était homogène, offrait les mêmes substances dans toutes ses couches.

6° Si préalablement à toutes ces formations d'anneaux et de planètes, le soleil était formé d'un noyau entouré d'une immense atmosphère contenant les vapeurs qui ont formé ensuite la matière de ces anneaux et planètes, il n'y avait donc pas, dès lors, homogénéité complète des couches solaires; car apparemment l'atmosphère n'était pas composée des mêmes substances que le noyau, du moins de toutes les substances qui formaient le noyau. Eh bien! si l'éthérogénéité s'est établie sous se rapport primitivement, pourquoi ne se serait-elle pas établie pour diverses couches, pour un grand nombre de couches de la nébuleuse solaire?

Les aérolithes qui ont été analysés ont paru formés de substances terrestres, mais tous étaient loin de contenir toutes les substances terrestres. Or, généralement on considère ces corps comme des très-petites planètes rentrant dans notre système : des planètes peuvent, d'après cela, contenir des substances qui ne se trouvent pas dans d'autres astres du même système, et il peut en être ainsi du soleil lui-même.

A propos de la chaleur photosphérique, M. Trouessart critique les hypothèses et les considérations que j'ai présentées pour expliquer que cette chaleur ait pu se maintenir si longtemps à un tel degré d'intensité, malgré l'énorme rayonnement qu'elle subit incessamment.

Ainsi il assure que, dans le système que je soutiens, si les résidus de la combustion tombés de la photosphère sur le corps central, s'y décomposaient, et si les divers gaz en provenant montaient ensemble vers la photosphère, la combustion s'étendrait nécessairement de celle-ci jusqu'au noyau solaire.

Voici ce que je répondrai :

Il ne suffit pas que des éléments susceptibles de s'associer chimiquement soient dans le même milieu, pour qu'ils se combinent : il faut qu'ils se trouvent dans certaines conditions variables suivant les substances, notamment des conditions de distance respective et de température. Or, comment assurer que, même dans le cas dont il s'agit, les éléments que je suppose s'élever du corps central vers les hautes régions solaires pour aller y alimenter la combustion trouvent bien, dans l'intervalle qui les sépare de ces régions, les conditions nécessaires à leur association chimique?

Supposez que ces éléments, pendant leur ascension, soient très-disséminés dans le vaste espace compris entre la photosphère et le corps central : ils pourront être en énorme quantité et cependant se trouver généralement trop distants les uns des autres pour que leur combinaison s'opère en quantité considérable. Il est admissible que c'est dans la région où la combustion a le plus d'activité que leur combinaison a lieu avec le plus de facilité et en plus grande quantité. Or, nous venons de voir que sans doute à la surface intérieure de la photosphère, celle qui se trouverait généralement en contact avec les gaz dont il s'agit, la combustion est peu active, bien moins intense qu'à la partie photosphérique extérieure. J'ajoute que la grande vitesse des éléments, durant leur ascension, doit être aussi plus ou moins contraire à leur réunion pendant leur trajet; car bien souvent leur mouvement doit atténuer, jusqu'à un certain point, l'effet de leur affinité réciproque. Ils se combinent surtout quand leur mouvement ascensionnel cesse, ce qui a lieu dans la région photosphérique, au point où ils se trouvent en équilibre avec l'atmosphère.

En somme, dans l'hypothèse, il n'y a donc pas lieu d'assurer que la combustion se généraliserait, se propagerait depuis la photosphère jusqu'au corps central, comme le croit M. Trouessart. Il est bien admissible qu'une grande partie, du moins, des éléments montant vers la photosphère ne se combinent pas avant d'y parvenir.

L'on ne peut objecter que si les éléments venant alimenter la combustion photosphérique, sont trop disséminés, ne sont pas assez rapprochés pour se combiner dans l'espace intermédiaire, ils n'apportent qu'une faible provision à l'entretien de la photosphère. En effet, ces éléments, dans leur ascension, étant animés d'une grande vitesse, et occupant un fort grand espace, peuvent s'y trouver en quantité fort considérable, bien que trop peu rapprochés pour leur combinaison, et arriver continuellement en telle quantité dans le foyer photosphérique, qu'ils lui apportent une alimentation énorme.

J'ai dit que la chute des produits de la combustion dans la partie profonde de l'enveloppe photosphérique pouvait produire de la chaleur, et M. Trouessart ne m'a pas contesté ceci; mais il a attaqué carrément cette autre assertion de ma part, que la décomposition dans cette même région peut s'opérer sans perte et même avec production de chaleur. Il affirme, à ce sujet, que si une décomposition peut parfois produire de la chaleur, c'est que l'opération contraire, la combinaison des éléments formant la substance décomposée, entraîne une égale quantité de froid. Or, ici encore, je ne saurais être d'accord avec l'honorable professeur; et bien d'autres que moi, sans doute, protesteraient contre la règle qu'il invoque. Voici, par exemple, ce que je lis dans un traité de physique récent et fort estimé, celui de M. Daguin, professeur de physique à la faculté des sciences de Toulouse :

A la page 19 du tome second, je lis : « Toutes les fois que » deux corps se combinent, il y a dégagement de chaleur. » Tantôt il suffit de mettre en contact deux corps pour qu'ils se » combinent, et aussitôt il se dégage de la chaleur; tantôt la » combinaison ne s'effectue que sous l'influence d'une tempéra- » ture suffisante apportée en quelque point du mélange. »

Puis, page 48 du même tome, il s'exprime ainsi au sujet des effets calorifiques produits dans les décompositions :

« On admet ordinairement que la décomposition des corps est » accompagnée de l'absorption d'une quantité de chaleur *égale* » *à celle que ses éléments ont dû dégager en se combinant. Cette* » *loi est évidemment inexacte*, car la séparation des éléments est » souvent accompagnée d'un dégagement de chaleur. Ce dernier » résultat a été constaté par MM. Favre et Silbermann, auxquels » sont dues les expériences que nous allons citer, excepté celles » qui sont relatives au soufre. »

Puis viennent les citations de ces expériences, dont il résulte notamment qu'il se dégage de la chaleur dans la décomposition du protoxyde d'azote, dans la décomposition de l'oxyde d'argent et dans celle de l'eau oxygénée. Or, M. Daguin n'entend point que les combinaisons qui ont produit ces corps ont dû au contraire produire du froid ; car il ne le pourrait sans être en contradiction avec lui-même.

Dans l'hypothèse où la chaleur consiste dans les vibrations du fluide éther, la plus satisfaisante, selon moi, j'ai cherché à m'expliquer pourquoi généralement les combinaisons chimiques donnent de la chaleur, pourquoi les décompositions ont généralement un effet contraire, et comment, en certains cas, les décompositions non-seulement ne produisent pas de froid, mais au contraire

4

engendrent une certaine quantité de chaleur, parfois très-considérable. Voici le résultat de mes réflexions à ce sujet.

Les molécules des corps attirent plus ou moins les parcelles de l'éther intermoléculaire, de sorte que chaque molécule retient autour d'elle une certaine quantité d'éther. Les parcelles d'éther se repoussent entre elles, et plus elles sont rapprochées, plus elles se repoussent. C'est par leur répulsion mutuelle qu'on peut expliquer les vibrations qu'elles effectuent quand ce fluide est comprimé. Quand deux molécules de matière pondérable sont assez près l'une de l'autre pour que leur affinité opère leur combinaison, elles se portent vivement l'une vers l'autre en pressant l'éther placé entre elle; cet éther, en vertu de son élasticité, cède, est chassé énergiquement, et détermine ainsi des vibrations autour de ces molécules, par conséquent de la chaleur en quantité plus ou moins grande.

Dans les décompositions, que se passe-t-il généralement? Quand la décomposition est produite par l'action de la chaleur, c'est-à-dire des vibrations de l'éther, les parcelles de fluide en vibrations repoussent celles qui se trouvent encore entre des molécules combinées.

Quel que soit le rapprochement des molécules d'une combinaison, elles ont toujours une certaine quantité de fluide comprimé entre elles, et c'est en opérant par répulsion sur ce fluide intercepté, que les vibrations calorifiques déterminent leur séparation, leur décomposition. Or, s'il y a très-peu de fluide intercepté, la décomposition se fait lentement, et quand elle s'opère, les molécules reprennent une certaine quantité de fluide du côté où elles étaient jointes. Cette reprise, raréfiant le fluide intermoléculaire, tend à ralentir les vibrations, conséquemment à diminuer la chaleur autour des molécules, et d'ailleurs la séparation des molécules associées, étant relativement lente, ne tend guère à accélérer les vibrations du fluide. Mais si la quantité de fluide intercepté par la combinaison était considérable, ce qui peut être, si les molécules attirent fort l'éther, il pourra se faire que la séparation s'opère très-vivement, qu'il en résulte une forte accélération des vibrations de l'éther, et par suite beaucoup de chaleur. Comme, du reste, en ce cas, les molécules ont peu de fluide à prendre pour compléter celui qu'elles avaient conservé dans leur état de combinaison, les vibrations de l'éther, si elles sont diminuées par cette cause, le sont alors très-faiblement, et, en somme, c'est un accroissement de chaleur qui résulte alors de la décomposition.

Quand la décomposition a lieu par d'autres causes que la chaleur, il se produit plus ou moins des effets analogues à ceux que je viens de considérer. L'électricité, par exemple, produit de la chaleur, et ainsi, dans ce cas, on rentre dans l'explication que je viens de présenter. Si la décomposition a lieu par suite de la combinaison qui se fait entre une des molécules combinées et quelque autre molécule ayant plus d'affinité avec celle-ci que les molécules combinées n'en avaient entre elles, on rentre à la fois dans les deux ordres d'explication que j'ai présentées, et, suivant les cas, en somme, il se produit de la chaleur ou du froid. Quand la chaleur tend à faciliter les combinaisons, c'est en agitant, en poussant les molécules les unes vers les autres, en les rapprochant et les mettant ainsi à même d'exercer leur affinité mutuelle.

On a voulu rendre compte de la chaleur dégagée dans les combinaisons en la rapportant à des phénomènes purement électriques. On connaît à ce sujet les hypothèses et les calculs de Berzélius et de Joule. Pour moi, je ne saurais abonder dans ces conceptions, ingénieuses sans doute, mais qui ne satisfont point l'esprit. Que l'électricité joue ici un rôle, je l'accorde, mais le principal rôle appartient aux affinités des molécules mêmes qui s'unissent entre elles, à la compression et aux vibrations de l'éther, lequel n'est par le fluide électrique, je l'ai montré dans mes *Discussions sur les principes de la physique* (1).

Quelle que soit la véritable cause de ces sortes de phénomènes, et en supposant même qu'il y ait perte de chaleur dans certaines combinaisons, et que, dans tous les cas où il y a production de chaleur dans une combinaison, la décomposition corrélative donne au contraire une diminution de température, et réciproquement, on ne pourrait en conclure que la quantité de chaleur perdue dans un cas est égale à celle gagnée dans le cas contraire : on pourrait donc encore penser que le soleil, en somme, par l'effet des phénomènes de combinaisons et de décompositions chimiques que je lui attribue, gagne plus de chaleur qu'il n'en perd.

Au reste, l'objection que je réfute pourrait aussi s'adresser à la théorie de **M. Faye.** Il est vrai que celle-ci nous offre une énorme provision de chaleur. Toutefois, s'il fallait penser que la masse

(1) Un fort vol. in-8°, à Paris, chez Gauthier-Villars, quai des Augustins, 55.

solaire perd, par la décomposition, autant de chaleur que lui en procure la combustion, il serait difficile de s'expliquer que le soleil ait pu se maintenir si longtemps à une si haute température malgré son énorme rayonnement.

Pour moi, qui écarte cette objection, je pense et conviens que la théorie de M. Faye serait très-satisfaisante au point de vue de l'entretien de la haute température solaire, et j'avoue qu'il serait regrettable qu'on ne pût pas recourir à ce moyen d'expliquer l'immense durée pendant laquelle l'astre du jour a dû rayonner des flots de chaleur et de lumière. Mais, après réflexion, il me paraît que rien ne s'oppose à ce que, sans renoncer à la théorie que j'ai soutenue, on admette, pour le soleil, une phase analogue à celle proposée par l'éminent astronome, à la condition, toutefois, de modifier, sous un rapport essentiel, les conditions primitives de la formation de cet astre.

Selon M. Faye, la masse gazeuse du soleil était, primitivement du moins, entièrement homogène, sa densité allait en croissant de la périphérie au centre, mais elle était partout composée d'un même mélange de substances également réparties dans toute son étendue. C'est à peine si M. Faye admet, autour de cette masse, une atmosphère. Dans une discussion que j'ai reproduite (1), il a soutenu que rien ne prouve l'existence d'une atmosphère solaire. J'ai combattu cette opinion. Le soleil a une très-vaste atmosphère d'une densité généralement très-faible, et les particularités qu'on observe dans les éclipses totales montrent que, dans le fluide atmosphérique, sont suspendus des gaz ou vapeurs : les protubérances roses ne laissent pas de doute à cet égard.

Supposons que, primitivement, le soleil était à l'état gazeux ou gazéiforme, mais que sa composition n'était pas homogène, que, du moins, en dehors d'un sphéroïde homogène, il y avait une atmosphère et, dans cette atmosphère, diverses couches concentriques de gaz ou vapeurs variant généralement d'une couche à une autre, non-seulement dans leur densité, mais dans leur nature même.

Cette hypothèse n'a rien d'inadmissible. La terre elle-même, sans doute, n'était pas originairement une masse complétement homogène. Pour expliquer sa formation, on suppose généralement qu'elle était composée, ou du moins qu'elle est arrivée à

(1) *Qu'est-ce que le soleil?* chap. XI, p. 337.

être composée d'une masse fluide incandescente entourée d'une atmosphère dans laquelle divers gaz se trouvaient suspendus. L'examen des couches de l'écorce terrestre, notamment de ses couches profondes, semble annoncer que la masse liquide elle-même n'avait pas une complète homogénéité, et il est bien plausible, en effet, que les substances les plus pesantes ont tendu à couler vers le centre de la matière liquide.

Or, dans l'hypothèse de l'hétérogénéité que j'admets pour le soleil, il est concevable que cet astre ait dû passer par trois phases principales analogues à celles décrites par M. Faye, mais que, au lieu de se trouver maintenant dans la seconde, il soit depuis un certain temps relativement peu considérable dans la troisième phase, celle qui, partant de la liquidité entière du corps central, arrive bientôt à une solidification superficielle, s'accroissant de plus en plus, mais très-lentement, jusqu'à ce que l'astre, s'éteignant, entre dans la catégorie des planètes.

Je ne vois nulle difficulté sérieuse à l'admission de cette vaste hypothèse. Pendant la première phase, les diverses couches de la masse solaire, y compris son atmosphère et les substances qui s'y trouvaient répandues, étaient toutes à une température fort élevée, dans un état de dissociation complète.

Or, supposez que, par leur nature et leur densité, les substances gazeuses ou gazéiformes composant la masse principale du soleil se soient refroidies bien plutôt et plus que les couches gazeuses répandues dans l'atmosphère : vous concevrez que les combinaisons chimiques se soient d'abord produites exclusivement à la partie superficielle du corps central, qui par suite aura dès lors rayonné une très-grande quantité de chaleur. Les produits de la combustion, tombant dans les couches profondes, sont allées s'y décomposer; les éléments de la nouveau servi à la combustion. Ainsi se serait accompli la deuxième phase de M. Faye.

Les gaz répandus dans l'atmosphère, que j'ai supposés peu rayonnants par leur nature, seront incessamment dilatés par l'énorme rayonnement du corps central, et, ainsi, tant que durera la 2me phase, il y aura là peu ou point de combinaisons. La combustion n'y deviendra très-active que bien plus tard, quand le corps central, s'étant assez refroidi pour se liquéfier et ensuite pour se consolider très-superficiellement, les gaz atmosphériques se seront jusqu'à un certain point condensés.

Or, parmi les gaz atmosphériques se trouvaient principalement ceux qui par des transformations plus ou moins considérables, ont constitué les deux enveloppes solaires, l'une très-réfléchissante, l'autre lumineuse par elle-même qui est la photosphère. Dans mon livre sur le soleil, j'ai dit les diverses péripéties de cette formation, telles que je les concevrais.

Sans doute la troisième phase, celle où nous serions actuellement, n'est pas susceptible de durer autant que la seconde. Toutefois, je n'accorde pas qu'elle doive être aussi courte que M. Faye le suppose. En réduisant le soleil à une seule masse gazeuse homogène, il était forcé de précipiter ainsi le dénouement de l'épopée solaire.

Mon hypothèse, plus large, moins exclusive, permettrait d'allonger beaucoup sa dernière période. Si cette phase était privée de l'énorme source où nous a puisé, celle de la chaleur centrale ou des couches profondes de l'astre, elle pourrait avoir, elle aurait sans doute, pour remplacer celle-ci, des sources diverses que j'ai indiquées et que, bien que moins considérables, procureraient, par leur réunion, une alimentation suffisante pour produire un rayonnement solaire intense et d'une longue durée. Remarquons, d'ailleurs, que, pendant la période de liquidité et d'incandescence qui a pu durer très-longtemps, le corps central de l'astre a dû lui-même rayonner une grande quantité de chaleur.

Remarquons aussi que mon hypothèse pourrait concourir en même temps à réfuter cette objection, que l'enveloppe réfléchissante a dû s'échauffer au point d'être aussi chaude que la photosphère. En effet, la formation de l'enveloppe réfléchissante, ainsi que la troisième phase, ne datant que d'une époque relativement peu éloignée de nous, elle aurait bien pu rayonner continuellement plus de lumière qu'elle n'en a absorbée, et par suite ne pas s'échauffer, et au contraire subir incessamment un affaiblissement plus ou moins grand dans sa température.

Je persiste à croire que, pour expliquer l'aspect des taches, de leurs noyaux, des pénombres, il faut supposer deux enveloppes gazeuses ou vaporeuses inégalement lumineuses, distantes l'une de l'autre et du corps central relativement sombre. Si le soleil est tout gazeux ou gazéiforme, on ne peut point admettre qu'il forme un seul continu homogène, comme l'entend M. Faye. Il y a certainement diverses couches concentriques *distinctes*, *séparées*, et qui diffèrent dans l'intensité de leur éclat, de la lumière qu'elles nous envoient. Maintenant peut-on penser, de plus, que le corps central, distinct, séparé lui-même de ces enveloppes, est aussi à l'état gazeux ou gazéiforme?

Supposons que les deux enveloppes et le corps central, généralement du moins, diffèrent dans les substances mêmes qui les composent; que celles du corps central soient encore en état de dissociation et, par suite, rayonnent extrêmement peu de chaleur et de lumière; que dans l'enveloppe extérieure, il se produise au contraire une très-active combustion, un énorme rayonnement, et que l'enveloppe inférieure, sans être complétement en dissociation, présente une combustion et un rayonnement peu actifs, bien moins intenses que ceux de la supérieure. Tout cela est admissible, et se justifierait par les règles qui s'appliquent aux substances gazeuses de notre globe. En effet, il est plausible que la couche extérieure, par sa tendance au refroidissement, soit sortie la première de l'état de dissociation; qu'ainsi elle se soit d'abord mieux prêtée aux combinaisons chimiques que celle inférieure beaucoup plus chaude, restée plus près de l'état de dissociation; d'ailleurs il est supposable que la nature même des molécules de chacune d'elles tendait aussi à produire une différence dans la chaleur et la lumière qu'elles rayonnent. Pareille observation s'appliquerait au corps central, qui serait beaucoup plus chaud, bien moins rayonnant, tant à cause de sa position, que par sa nature même.

Les produits solides ou liquides des combustions effectuées dans l'une et l'autre enveloppes, tomberont sur le corps central, pénétreront même plus ou moins dans ses couches profondes. Là aura lieu leur décomposition; leurs éléments, séparés, remonteront vers les enveloppes, et ainsi de suite. Ces éléments seront encore trop chauds pour se recombiner avant d'avoir atteint les enveloppes dont ils dépendent et qu'ils doivent alimenter; par leur nature, leur pesanteur spécifique, ils s'élèveront respectivement dans l'atmosphère solaire jusqu'aux régions que les enveloppes occupent elles-mêmes dans cette atmosphère.

De cette manière on se rendrait compte de l'aspect général de la photosphère et des taches solaires, si, dans cette hypothèse, on pouvait trouver une cause suffisante d'ouvertures pratiquées dans les deux enveloppes. — En ce cas, on pourrait attribuer la formation de ces ouvertures à un concours de causes diverses.

Imaginons que les gaz s'élevant des couches plus ou moins profondes du corps central, comme je l'ai dit tout à l'heure, se précipitent en très-grande quantité sur une partie de l'enveloppe inférieure, et que celle-ci soit ouverte par cette action gazeuse : les couches inférieures de l'atmosphère, que je suppose très-élastique, se précipiteront vers cette ouverture ainsi opérée qui leur offrira un vide relatif, et il est admissible que ce courant atmosphérique ascendant, joint à la projection ascendante des gaz, aura la puissance d'opérer une ouverture jusque dans l'enveloppe supérieure, d'autant plus que l'air solaire doit être plus dilaté, moins dense entre les deux enveloppes qu'entre l'enveloppe inférieure et le corps central. Souvent les courants atmosphériques ascendants affecteront la forme de tourbillons, et ainsi s'expliqueraient les langues contournées, les spires que présentent fréquemment les masses gazeuses observées autour des taches, sur les pénombres, et même dans les cavités répondant aux noyaux.

La combustion n'est pas également intense ni dans la photosphère ni dans l'enveloppe inférieure. Si, dans une partie, elle devient beaucoup plus active, il s'ensuivra qu'il en tombera une bien plus grande quantité de résidus, de molécules composées, dans le corps central, et que, par conséquent, il s'élèvera ensuite de celui-ci une bien plus grande quantité d'éléments vers les enveloppes, et peut-être ces éléments pourront-ils être assez rapprochés, condensés, pour opérer des trouées dans la première enveloppe, sinon dans la photosphère. Peut-être aussi se produit-il des trouées uniquement par l'action de tourbillons atmosphériques. En effet, admettons que chaque enveloppe ne soit pas entièrement continue, qu'elle soit formée de masses distinctes, à quelque distance les unes des autres : le rayonnement résultant d'une combustion plus intense devra avoir pour effet de dilater, de raréfier notablement l'atmosphère ambiante dans les parties voisines de ces masses, entre les deux enveloppes et principalement entre l'enveloppe inférieure et le corps central. Alors l'air inférieur et latéral, plus dense, tendra à se précipiter dans les interstices, dans les parties raréfiées. De là des courants ascendants qui affecteraient souvent la forme de tourbillons et qui pourraient faire des ouvertures dans les enveloppes. Si des courants ou tourbillons ascendants de ce genre se produisaient même entre les deux enveloppes, de manière que la trouée s'opérât seulement dans la photosphère, on verrait alors par cette ouverture de la photosphère, non pas le corps central, mais l'enveloppe inférieure.

De ces considérations, il résulte qu'il pourrait y avoir corrélation, coïncidence et concours entre les diverses causes de la production des taches; car, en même temps qu'une combustion plus active déterminerait la chute d'une plus grande quantité de matières combinées, et par suite l'ascension d'une quantité plus grande aussi de matières gazeuses propres à l'alimentation, cette combustion plus intense aurait aussi l'effet de produire des dilatations atmosphériques plus considérables qui tendraient à amener des courants, des tourbillons ascendants. En somme, les courants atmosphériques auraient une grande part dans la production des taches. Or, dans la théorie de M. Faye, cette cause principale n'existe pas : c'est même avec quelque peine, je le répète, qu'il a consenti à admettre une atmosphère très-peu étendue autour de la photosphère ; il est loin de penser qu'il y ait autour de l'astre deux enveloppes séparées, suspendues dans une atmosphère comme nos nuages dans l'air terrestre, et que les taches résultent d'ouvertures pratiquées dans ces deux enveloppes, comme je l'ai expliqué.

La théorie éclectique et de transaction que je viens d'ébaucher me paraîtrait bien plus acceptable que celle de M. Faye. Toutefois, elle laisserait à désirer sous plusieurs rapports. Il me serait notamment difficile d'admettre que les matières tombées des enveloppes dans les couches du corps central, puissent déterminer des courants ascendants assez énergiques pour produire des trouées même dans l'enveloppe inférieure placée plus près du corps central que la photosphère. Ces matières devraient se décomposer dans les couches profondes aussitôt et à mesure qu'elles y seraient parvenues, et dès lors aussi leurs éléments remonteraient vers les enveloppes. Il n'y aurait pas à la fois, je pense, une assez grande quantité de matière tombée, de gaz ascendant, pour écarter, pour dissiper les masses, les nuages de la photosphère ni même de l'enveloppe inférieure de manière à y produire de grandes trouées. Que les trouées opérées dans les enveloppes soient causées par des courants atmosphériques ou par des jets, plus considérables que ceux ordinaires, de gaz lancés des couches profondes et résultant de la décomposition d'une pluie de matière tombée des enveloppes, ou par ces deux causes réunies, il faudrait d'après les explications que j'ai données à ce sujet, que préalablement il se produisît dans les enveloppes, non pas seulement à différentes latitudes, mais encore et souvent sur un même parallèle, d'énormes inégalités de température, et je ne vois pas de causes suffisantes de ces si grandes inégalités dans les enveloppes solaires. Des éruptions volcaniques de matières, de gaz amassés, comprimés sous une écorce solide, constituent sans doute une force bien plus considérable et plus en rapport avec l'énorme effet qu'il s'agit d'expliquer, que des jets ascendants de gaz ou comprimés s'élevant à mesure qu'ils se formeraient dans les couches inférieures. L'avantage, à ce point de vue essentiel, est donc du côté de la théorie que j'ai soutenue et à laquelle je crois devoir encore accorder la préférence.

Si, comme on doit le présumer, le soleil, après avoir épuisé la phase de l'état gazeux, vient à s'éteindre et à constituer une planète échauffée et éclairée par un autre soleil bien plus considérable, on peut se demander si ce dernier astre est déjà constitué, s'il est seulement à l'état de nébuleuse, d'astre gazeux, mais peu lumineux encore, ou si, resplendissant, il est au nombre des soleils, de ces brillantes étoiles qui frappent le regard ou que découvre le télescope. Cette question est quelque peu difficile à résoudre. Toutefois, puisque dans l'hypothèse, notre soleil, devenu planète, recevrait un jour chaleur et lumière de l'astre en question, si celui-ci était déjà existant et à portée d'éclairer et échauffer suffisamment notre soleil, il serait, aussi dès maintenant, à même d'échauffer et éclairer la terre et les autres planètes du système, car ces planètes, tournant autour du soleil actuel, se rapprocheraient parfois autant et même plus de l'astre dont il s'agit que notre soleil lui-même. Mais nous savons bien que nous ne recevons qu'une très-faible lumière, qu'une insignifiante chaleur des étoiles autres que le soleil de notre système. Il est donc évident que, dans l'hypothèse que j'ai posée, de deux choses l'une : ou bien l'astre qui devrait un jour éclairer et échauffer notre soleil n'est pas encore constitué, est, notamment, peu lumineux, ou bien, s'il l'est, notre soleil et ses planètes s'en rapprocheraient énormément dans la suite, jusqu'à ce qu'ils fussent à portée suffisante de sa chaleur et de sa lumière. Or, il n'est pas vraisemblable que, dans leur révolution autour de cet astre central, notre soleil et ses planètes, s'en rapprochent aussi énormément qu'il faudrait le supposer en ce dernier cas : proba-

blement donc l'astre destiné à devenir notre soleil en même temps
que celui de l'astre qui nous échauffe et nous illumine actuellement n'est pas encore achevé ; il se trouve à l'état soit de nébuleuse en voie de formation, soit à l'état gazeux et peu lumineux
constituant la première phase de cet astre.

A ce point de vue, l'hypothèse où notre soleil est encore tout
gazeux peut paraître plus satisfaisante, en ce qu'elle permet de
supposer à l'astre une bien plus grande durée future à l'état lumineux et calorifique. Toutefois, il n'y a pas là un motif plausible pour rejeter l'hypothèse herschélienne, car, même en supposant que notre soleil doive s'éteindre alors seulement que la
nébuleuse autour de laquelle il gravite sera arrivée à l'état de
soleil, d'astre rayonnant une grande quantité de chaleur et de
lumière, je ne vois pas pourquoi, le corps central du soleil étant
supposé déjà arrivé à la phase de liquidité et de solidité superficielle, sa photosphère ne pourrait pas persister jusqu'à l'époque
où l'astre qui doit le remplacer sera lui-même en état de remplir
cette fonction. Que faut-il, principalement, pour que ce dernier
astre, supposé maintenant à l'état de sphéroïde de matière gazeuse en dissociation, parvienne à émettre une grande quantité
de lumière, de chaleur ? Il faut, et il suffit que sa partie extérieure se refroidisse assez pour que la combustion s'y produise. Or,
pourquoi un temps relativement court, quelques mille ans ne
suffiraient-ils pas pour amener ce refroidissement ? Pourquoi d'ailleurs, la phase actuelle de notre soleil, telle que je l'ai admise,
ne se prolongerait-elle pas au delà de quelques mille ans. Est-ce
que la photosphère ne peut trouver bien longtemps une suffisante
alimentation, son entretien, dans les causes et les sources que
j'ai indiquées, notamment dans les éruptions volcaniques ? — Le
corps central est encore presque entièrement liquide : qui mar-
quera le temps pendant lequel sa croûte se déchirera sous l'impulsion de matières, de gaz s'élançant vers l'enveloppe rayonnante ? D'ailleurs, tant que les résidus de la combustion tombés
de la couche extérieure de la photosphère trouveront dans une
de ses couches inférieures assez de chaleur pour s'y décomposer,
et remonteront par suite dans la partie extérieure, les mêmes
matières, ainsi successivement transformées, pourront suffire à
l'alimentation de la combustion, et cet état de choses pourra sans
doute durer bien longtemps, à cause de l'énorme température
qui règne dans les régions photosphériques. Je répète que la

chute de ces matières produit de la chaleur, et que leur décomposition même en produit peut-être. Des décompositions opérées ailleurs que dans l'enveloppe photosphérique peuvent aussi fournir un notable contingent, et le foyer solaire peut être aussi activé, entretenu par une chute de matières cosmiques. Je ne renonce à aucun de ces modes hypothétiques de production de chaleur et de lumière dans un astre si ardent, si resplendissant.

En supposant l'harmonie des mondes, je suis porté à penser, que généralement un astre ne s'éteint que quand il peut recevoir la chaleur et la lumière de quelque autre soleil, et qu'il s'éteint dès qu'il peut les recevoir. Il est plausible que la terre a été elle-même un soleil éclairant et échauffant son satellite bien avant que le soleil actuel ait pu être le foyer et le flambeau des planètes du système. Probablement la lune si desséchée, si pétrifiée depuis longtemps, a devancé, dans sa formation, la terre et les autres grandes planètes. Mais je ne saurais élever ces idées à la hauteur de lois, de règles inflexibles, je ne puis assurer que le soleil ne s'éteindra pas avant qu'il se trouve un autre astre tout exprès pour y porter, ainsi que sur la terre et les autres planètes, la chaleur, la lumière et la vie. Peut-être les planètes seront-elles desséchées et inhabitables, seront-elles mortes, avant même que le soleil soit complètement éteint; mais rien ne prouve qu'il en sera ainsi. Notre terre nous paraît être bien loin de la décrépitude. Il est vraisemblable, toutefois, que généralement un astre est d'autant plus lent à se former et les phases de son développement d'autant plus longues, que sa masse est plus considérable. Or, la masse des planètes est bien petite comparativement à celle du soleil! Tout considéré, il est présumable, vraisemblable que quand notre soleil sera à l'état de planète, notre terre sera depuis longtemps inhabitée.

On peut hésiter entre l'hypothèse qui fait du corps central un corps liquide superficiellement solidifié, et celle qui le considère comme gazeux; mais je regarde comme certain qu'il faut reconnaître, dans l'un et l'autre cas, deux enveloppes gazeuses ou vaporeuses, et, en ce point du moins, se rattacher à la théorie d'Herschel. Ces deux enveloppes différentes et séparées l'une de l'autre le sont aussi du corps central. Le soleil n'est point un tout homogène, comme le professe M. Faye.

Il ne me paraît pas supposable que le corps central soit entièrement liquide. En ce cas, il serait sans doute incandescent et trop rayonnant pour nous paraître sombre, pour trancher comme il le fait avec l'éclat photosphérique.

M. Norman Lockyer s'est récemment livré à des observations spectroscopiques du soleil, dont le résultat, tel qu'il l'interprète, serait contraire à la théorie de M. Faye et favorable à l'opinion de MM. de la Rue, Balfour Stewart et Lœwy, sur la cause de la production des taches.

Suivant ces derniers, les taches seraient dues à des courants descendants qui auraient lieu dans l'atmosphère du soleil plus froide que la photosphère. Les effets de ces courants descendants ou du moins les phénomènes qui les accompagnent, seraient un obscurcissement et peut-être la vaporisation des masses nuageuses entraînées. M. Lockyer voit dans ses observations la confirmation de cette hypothèse. Il a jugé que le courant d'une tache qu'il a suivie avec soin, était descendant, parce que l'une des masses nuageuses observées a passé successivement, dans l'espace d'environ deux heures, par les différents degrés d'éclat que présentent les facules, la surface générale et les pénombres.

« En dirigeant, dit-il, le télescope et l'appareil spectral, mus par une horloge, sur le soleil, de manière que le centre de l'ombre de la petite tache alors visible tombât sur le milieu de la fente de l'écran, laquelle fente de même que la fente correspondante du spectroscope, était plus longue que le diamètre de l'ombre, on a observé le spectre solaire dans le champ de vision du spectroscope avec sa partie central (correspondante au diamètre de l'ombre, tombant sur la fente), considérablement affaiblie dans son éclat. Néanmoins les raies d'absorption, visibles dans le spectre de la photosphère, au-dessus et au-dessous étaient visibles dans le spectre de la tache; elles paraissaient en outre plus larges.

» Je n'ai pu découvrir dans le spectre de la tache la plus légère indication de raies brillantes, quoique le spectre fût, je crois, assez faible pour qu'on pût les apercevoir s'il y en avait eu.

» Si ces observations étaient confirmées par des observations d'une tache plus grande, exempte de « couches nuageuses », il s'ensuivrait que, non-seulement les phénomènes présentés par une tache solaire ne sont pas dus au rayonnement d'une source pareille à celle qu'indique M. Faye, mais que nous avions, dans l'hypothèse d'une absorption, une solution complète ou partielle du problème qui a résisté à tant d'efforts.

» Le pouvoir dispersif du spectroscope dont je me suis servi n'était pas assez grand pour me permettre de déterminer si la diminution d'éclat du spectre de la tache provenait dans une certaine mesure d'un nombre plus grand de raies d'absorption, et je n'ai pu m'assurer si la largeur plus grande des raies dans le spectre de la tache, comparée avec celle des raies du spectre de la photosphère, était réelle ou seulement apparente. »

Si ces résultats, bien que douteux encore, militent contre la théorie de M. Faye, ils ne peuvent, je pense, être sérieusement opposés à celle que j'ai en dernier lieu exposée et qui modifierait considérablement celle de cet astronome. En effet, comme j'ai supposé que l'enveloppe supérieure rayonne beaucoup plus que l'inférieure; que celle-ci rayonne beaucoup plus que le corps central, et que la densité de l'atmosphère va en croissant de la photosphère au corps central, il est explicable que les masses lumineuses qui descendent de la photosphère dans les cavités des taches perdent de plus en plus leur éclat dans cette descente. Il n'est pas non plus étonnant que le spectre du noyau n'offre pas de raies brillantes, et la substance du corps central peut bien être supposée telle que les raies obscures de son spectre soient plus larges que celles des spectres de la photosphère et de l'enveloppe inférieure.

Au reste, il n'est pas admissible que, généralement, les taches aient leur principale, leur première cause dans des courants descendants, comme le supposent MM. de la Rue, Stewart et Lœwy. Des courants descendants capables d'opérer des ouvertures aussi énormes dans les enveloppes, ne sauraient avoir des causes suffisantes : il faut supposer des éruptions volcaniques ou autres, des courants ascendants, comme je l'ai expliqué. D'ailleurs, les élévations ou bourrelets qu'offrent presque toujours les facules, les parties plus lumineuses des bords, ne peuvent être produits par une force descendante.

Il est une autre objection que les savants anglais ont adressée à la théorie de M. Faye et que M. Kirchhoff a reproduite dans une note récemment adressée à l'Académie des sciences (1).

« M. Faye, dit M. Kirchhoff, se figure le noyau qui est entouré » par la photosphère aussi chaud, plus chaud même que la pho- » tosphère, mais obscur. Pour lui, ce noyau est gazeux; eu égard » au faible pouvoir émissif des gaz, M. Faye regarde ces deux

(1) Séance du 4 mars 1867.

» propriétés comme compatibles dans le noyau gazeux du soleil.
» En réalité elles sont incompatibles, quel que soit l'état d'agré-
» gation du soleil. De la relation existant entre le pouvoir émissif
» et le pouvoir absorbant des corps, il résulte d'une façon absolu-
» ment certaine que, alors qu'en réalité la lumière émise par le
» noyau solaire est invisible pour notre œil, ce noyau, quelle que soit
» d'ailleurs sa nature, est parfaitement transparent, de manière
» que nous apercevrions, par une ouverture située sur la moitié
» de la photosphère tournée de notre côté, au travers de la masse
» du noyau solaire, la face interne de l'autre moitié de la pho-
» tosphère, et que nous percevrions la même sensation lumineuse
» que s'il n'y avait pas d'ouverture. »

Voici maintenant ce que M. Faye a répondu à cette objection (1) :

«J'oserai dire que M. Kirchhoff me paraît raisonner d'une ma-
» nière beaucoup trop absolue. D'abord les cavités des taches ne sont
» point une hypothèse, mais un fait : il n'y a rien à changer là.
» D'autre part on ne peut pas, à mon avis, comme les savants
» anglais de l'observatoire de Kew le proposent, modifier l'hypo-
» thèse herschélienne de manière à l'accommoder à une extinc-
» tion locale, en faisant pénétrer jusque dans la photosphère,
» sous forme de cyclone ou de tourbillon, l'air relativement froid
» des couches supérieures de l'atmosphère, car cette hypothèse
» n'est compatible ni avec le mouvement des taches en latitude
» et en longitude, ni avec le phénomène cité plus haut. (Ce phénomène consiste en ce que des filets extrêmement ténus de matière lumineuse descendent, passent parfois au-dessus du noyau
sans s'affaiblir et sans s'éteindre.) Devant cette sorte d'impossi-
» bilité que nous rencontrons partout quand nous voulons
» nous plier aux vues de M. Kirchhoff, il faut bien se demander,
» puisque enfin les taches existent, si le principe de physique
» qu'on m'oppose est ici entièrement applicable (comme dans
» le cas des corps phosphorescents, pour lesquels le pouvoir émis-
» sif ne me paraît pas lié au pouvoir de transmission), ou plutôt
» s'il ne faudrait pas tenir compte de quelque circonstance igno-
» rée qui en modifierait l'application, soit dans la masse centrale
» du soleil lui-même, soit dans la distribution des températures
» au sein de couches dont la matière passe et repasse sans cesse

(1) Séance du 4 mars 1867.

» de l'état de dissociation plus ou moins complète à l'état de com-
» binaison chimique. Je ne vois pas ici, comme M. Kirchhoff,
» d'impossibilité ou de contradiction, mais un simple problème
» qui se formulerait ainsi : en admettant que les taches soient de
» simples éclaircies.(ce sont., à coup sûr, des cavités) dans les
» nuages lumineux qui constituent la photosphère, expliquer
» comment il se fait qu'on n'aperçoive pas par ces cavités, à
» travers le corps entier du soleil (150,000 lieues d'épaisseur),
» la face interne diamétralement opposée de la photosphère avec
» tout son éclat. En attendant qu'on trouve à ce problème une
» solution meilleure que la mienne, je continuerai à appliquer le
» calcul aux mouvements des taches, sans regretter que mon
» hypothèse m'ait persuadé que ces mouvements, soumis en réa.
» lité à des lois si simples, sont placés sous la dépendance de la
» masse même du soleil, et non sous celle d'une *mince atmos-*
» *phère extérieure.* »

Il me paraît que l'objection de M. Kirchhoff n'est pas irréfutable.

Est-il vrai que, pour tout état d'agrégation de la matière,
le pouvoir de transmission de la lumière soit rigoureusement
complémentaire du pouvoir d'émission? Est-il vrai, comme l'assure M. Kirchhoff, que, d'après la relation existante entre le
pouvoir émissif et le pouvoir absorbant des corps, *quel que soit
l'état d'agrégation, quelle que soit la nature du noyau solaire, si
sa lumière est invisible pour notre œil, il doive être parfaitement
transparent*, et nous laisser voir conséquemment, quand il est
découvert, la face interne de l'autre moitié de la photosphère?

Je n'accorde point ceci à M. Kirchhoff.

1° Je répète que l'égalité des pouvoirs absorbant et rayonnant
est contestable.

2° D'après les principes admis touchant les rapports existant
entre les pouvoirs absorbant et rayonnant, étant reconnu qu'un
gaz à l'état de dissociation rayonne peu de chaleur et de lumière,
il doit aussi en absorber peu, mais est-il impossible qu'un gaz
quelconque, dans cet état, en réfléchisse beaucoup ? Supposez
que le noyau solaire réfléchisse une notable partie de la lumière
que rayonne la photosphère, nous ne verrons point à travers la
masse du soleil, à beaucoup près, toute la lumière que la moitié
de photosphère opposée à celle que nous voyons peut rayonner sur
le noyau.

Si l'on objecte que dans l'hypothèse où la masse du soleil réflé-
chirait beaucoup de la lumière photosphérique, le noyau ne
nous paraîtrait pas noir, je répondrais que la lumière photosphérique ne peut, dans une grande tache surtout, rayonner beaucoup
de lumière sur le noyau de la tache. Il n'y arrive que des rayons
très-obliques. Il en résulte pour notre œil une lumière diffuse peu
intense qui, à une si grande distance et relativement à la vive lumière
de la photosphère, peut bien nous paraître sombre. Au reste,
l'explication que je donne sera plus satisfaisante si, modifiant en
un point radical la théorie de M. Faye, on suppose que le corps
central gazeux est entouré de deux enveloppes distinctes et séparées dont l'une extérieure, la photosphère, est beaucoup plus
lumineuse que l'inférieure; car, en ce cas, la lumière envoyée au
noyau par cette dernière sera bien moins vive que celle de la
photosphère, dont les rayons pourront d'ailleurs être en grande
partie réfléchis par l'enveloppe inférieure.

M. Faye, poursuivant ses études sur le mouvement des taches,
et se fondant sur de nombreuses observations de M. Carrington,
vient d'arriver aux conclusions suivantes (1) :

« 1° Une tache isolée a toujours un mouvement normal représenté par la formule

$$[1] \qquad m = + 6',54 - 157',3 \sin^e \lambda.$$

Si elle vient à se segmenter, la tache nouvelle qui se forme se
porte en avant, c'est-à-dire à droite de la première, et sa longitude satisfait dans les premiers temps à la formule approchée

$$[2] \qquad m = 1° + 6',54 - 157',3 \sin^2 \lambda,$$

tandis que la tache originaire reste en arrière et conserve son
mouvement normal.

» 2° Il en est encore de même lorsqu'un groupe débute par
deux ou trois petits points. Le premier est encore animé d'un
rapide mouvement en avant représenté par la formule [2], tandis que le dernier se règle sur la formule [1] de la rotation nor-
male. Faute d'observations, les taches intermédiaires n'ont pas
été étudiées.

(1) Comptes-rendus de l'Acad. des Sciences, 4 mars 1867, p. 375.

» 3° Cet énorme excès de mouvement en avant qui anime constamment la première tache d'un groupe quelconque, quelle que
soit sa latitude, dure plus ou moins longtemps, mais finit toujours
par diminuer peu à peu et par disparaître ; il ne subsiste plus à
la rotation suivante ; il dure moins longtemps dans une tache
qui se segmente que dans un groupe qui apparaît tout formé
(par de petits points).

M. Faye a cherché la cause de ces faits.

« Dans l'ordre d'idées hypothétiques où je suis placé, dit-il,
on est conduit à chercher si ces phénomènes ne se rattacheraient
pas aux mouvements de rotation des couches successivement pla-
cées au-dessous de la photosphère. Si la rotation de celle-ci est
retardée par l'ascension continuelle des courants venus de l'intérieur, il faut qu'il y ait quelque part plus bas une couche dont
la rotation sera accélérée par rapport à celle de la masse entière
du soleil. Dès lors si les courants se forment dans la première
couche sousjacente, ces taches correspondantes suivront la marche générale de la photosphère, c'est-à-dire la formule [1] ; mais
si le mouvement ascendant du courant générateur se propage
verticalement au-dessous, comme par voie d'aspiration, jusque
dans cette couche encore plus profonde dont la rotation doit être
accélérée, alors les matières ascendantes provenant de cette cou-
che-là ne tarderont pas à se séparer des premières en vertu de
leur excédant de vitesse, et marcheront en avant. Si plus tard
l'origine de ce second courant se relève peu à peu et revient se
fixer dans la première couche, celle que nous avons considérée
d'abord, la tache reprendra peu à peu le mouvement normal de
celle-ci. »

Je doute fort qu'on se contente de cette explication. Dans la
théorie de M. Faye, les courants descendants ont l'effet d'accélérer la rotation des couches inférieures, tandis que les courants
ascendants ont celui de ralentir la rotation des couches supérieures, notamment de la photosphère. « Les masses ascendan-
» tes, dit M. Faye, dans l'exposé de sa théorie, parties d'une
» grande profondeur, arrivent en haut avec une vitesse linéaire
» de rotation moindre que celle de la surface, parce que les cou-
» ches d'où elles partent ont un moindre rayon; de là un ralen-
» tissement général dans le mouvement de la photosphère, bien
» que ce retard doive être compensé pour la masse totale, par
» les courants descendants, de manière que la loi fondamentale

» des aires soit satisfaite.... Si la photosphère est en retard sur
» la rotation générale, les couches profondes devront par com-
» pensation se trouver en avance sur ce mouvement. » — D'a-
près cela, si le mouvement de la photosphère continue à être
retardé par les courants ascendants, il en sera ainsi plus ou moins
pour les couches inférieures, relativement à celles situées plus
bas encore, de telle sorte que tout courant ascendant parti d'une
profondeur quelconque devra ralentir jusqu'à un certain point la
rotation, le mouvement des couches situées au-dessus. Je ne
vois pas de raison pour qu'il y ait *quelque part plus bas* une couche dont la vitesse soit telle que les courants ascendants partant
de là aient l'effet d'accélérer la photosphère ou de la ralentir
moins que des courants partis d'une couche moins profonde.

Les courants descendants ont l'effet d'accélérer le mouvement
des couches inférieures, soit ; mais néanmoins les courants ascendants partis de ces couches ont l'effet de retarder le mouvement
des couches supérieures, parce que, celles-ci ayant *un moindre
rayon*, la vitesse absolue de leur mouvement est moindre que
celle des couches supérieures : ceci n'est-il pas conforme à la
théorie de M. Faye ? Eh bien ? cela étant, je ne comprends pas
et ne peux admettre son explication.

Je pense que l'on pourrait se rendre mieux compte des faits
dont il s'agit, dans l'hypothèse, où les enveloppes solaires mar-
cheraient plus vite que le corps central.

Soit, dans cette supposition, une tache effectuée par une seule
ouverture déjà opérée dans les deux enveloppes : si, par la
marche des enveloppes, cette ouverture parvient à une partie
du corps central où les courants ascendants et les jets de matières qu'ils comportent, sont très-intenses, le bord de droite de
cette ouverture recevra premièrement l'action de ces courants,
et en sera entamé, de telle sorte que la tache s'agrandira de ce
côté. Mais bientôt une partie des courants pénétrera dans l'ouverture même, et les matières qu'ils y projetteront tendront à y
former des masses qui pourront se disposer de manière, soit à
segmenter l'ouverture, soit à la diminuer du côté gauche, en
s'ajoutant successivement vers ce côté. S'il y a d'abord deux ouvertures très-voisines à peu près sur le même parallèle, l'ouverture de droite pourra être ainsi segmentée, ou être agrandie à
droite, diminuée à gauche. Dans les deux cas, s'il y a d'abord
ou par segmentation deux ouvertures, l'ouverture de droite pa-

raîtra s'être éloignée de l'ouverture de gauche. Quant à celle-ci, on conçoit qu'elle sera peu modifiée par l'action des courants rencontrés d'abord par la première; car lorsqu'elle arrivera au-dessus d'eux, ils seront généralement bien diminués, leur activité dans un même lieu ne devant pas sans doute se maintenir très-longtemps au même degré d'intensité.

Il me paraît que là on peut trouver les principales raisons de ces nouvelles irrégularités que M. Faye vient de signaler dans le mouvement des taches.

Il est vrai que l'excédant de vitesse que prendrait ou paraîtrait prendre l'ouverture de droite, serait, d'après M. Faye, assez considérable : il s'élèverait de 58 à 117 lieues par heure; mais je ne vois pas que ce soit là un motif pour rejeter mon explication : on peut supposer que l'excès de vitesse des enveloppes solaires et l'activité des courants ascendants et des matières lancées sur la première ouverture et sur ses bords soient combinés de manière à produire le surcroît de vitesse de la première ouverture.

Ainsi que je l'ai montré dans mon livre sur le soleil et dans la note 1 que j'y ai jointe, il est très-admissible que, si le corps central de l'astre est liquide et solidifié superficiellement, ses enveloppes aient une vitesse rotatoire plus grande que celle dont il est animé lui-même. Mais si l'on suppose que le soleil est tout gazeux, il est difficile d'attribuer à ses enveloppes, à la photosphère même, cet excédant de vitesse. Le système que j'ai soutenu se prêterait donc mieux à l'explication de l'inégalité reconnue par M. Faye, que l'hypothèse où toute la masse solaire serait à l'état gazeux.

M. Chacornac, cet intrépide et protéique chercheur, vient de lancer dans le monde savant une hypothèse qui, je pense, ne lui donnera pas le droit de prononcer un heureux εὕρηκα.

Il suppose que le soleil est essentiellement composé d'un noyau solide situé à une grande profondeur au-dessous de la photosphère, et que les taches sont formées par des jets vaporeux élancés de cratères volcaniques et *revêtant la forme anoïdale cintrée analogue à celle des queues de comètes*. Les explications qu'il donne à ce sujet sont résumées ainsi dans le *Cosmos* du 30 janvier 1867 :

« Depuis la grande comète de 1811, on sait que les noyaux cométaires, en se rapprochant suffisamment du Soleil, se dilatent en atmosphères vaporeuses qui s'étendent, jusqu'à une cer-

taine limite, uniformément autour du noyau ; puis, passé ces
limites, ces vapeurs sont obligées, par une force inconnue, à
s'écouler en surface de niveau, dans le prolongement du rayon
vecteur, avec une vitesse presque égale à celle de la lumière.

» En expliquant ce phénomène à l'aide des lois physiques, on
arrive à ces conséquences : si aucune force de répulsion éma-
nant du Soleil ne s'opposait à la dilatation de ces atmosphères,
elles s'étendraient en tous sens au moins aussi loin du noyau
que l'extrémité de la queue, puisque la dilatation des gaz dans
le vide paraît être indéfinie.

» L'aigrette de la comète de 1862 se produisait sur une étendue quatre fois plus grande que le diamètre de la Terre, dans un
temps inappréciable, puisque la première trace de ce jet vaporeux se montrait faible, déliée, mais sur toute son étendue, à
l'instant où on pouvait l'apercevoir. Ce fait indique que la force
d'expansion des gaz est assez considérable pour produire des
effets analogues à ceux d'une force de répulsion sous l'influence
d'une élévation de température, et l'on est conduit à concevoir
des phénomènes semblables dans la photosphère solaire.

» En examinant ce qui se passe à la limite de l'atmosphère
extérieure, où la force d'expansion l'emporte sur l'attraction
solaire, on remarque que ce doit être un écoulement dans le
vide, de gaz violemment échauffés par la photosphère. La dispo-
sition de cette atmosphère est, du reste, en accord avec la conséquence des agents physiques en jeu dans la constitution du Soleil. Ainsi, au-dessus de la Zone pourprée qui apparaît contiguë
à la photosphère pendant les éclipses totales, on observe qu'il
y existe constamment une Zone atmosphérique très-dense réfléchissant une très-vive lumière confondue souvent avec la réap-
parition du disque de l'astre. C'est de la surface de cette
atmosphère que partent, en divergeant, les rayons de l'auréole
solaire, dont la configuration accuse certainement une force d'expansion des gaz dans les espaces planétaires.

» Si l'on calcule avec qu'elle vitesse d'écoulement se précipite
un gaz quelconque dans le vide, on trouve que, sous une simple
pression atmosphérique, cette vitesse est supérieure à celle d'un
boulet de canon pour une température zéro, et l'on démontre
que cette vitesse est dépendante de la densité des gaz, la pression étant insignifiante puisque l'écoulement est d'autant plus
rapide que la densité est moindre. Si l'on rapproche ces consi-

dérations de celles que l'on donne sur la limite de l'atmosphère des planètes, on verra que, s'il est possible qu'à la température des espaces planétaires il y ait équilibre entre le poids de la dernière couche et l'élasticité de celles qui sont au-dessous, il ne peut en être de même pour une atmosphère vaporeuse exposée à une température de plusieurs milliers de degrés. Du reste, pour qu'une couche limitée pèse, il faut concevoir qu'elle ne puisse plus se dilater dans le vide des espaces, c'est-à-dire qu'elle soit plus dense que celle placée au-dessous; cette dernière considération a même conduit à envisager mathématiquement cette dernière couche comme étant cristallisée, pour qu'il soit compréhensible que l'atmosphère terrestre, par exemple, soit limitée. Mais à la surface du Soleil cette hypothèse ne peut être admissible; du phénomène de réincandescence qui produit la photosphère, doit évidemment résulter une force d'expansion des vapeurs violemment dilatées suivant des lois inconnues. Par d'aussi énormes températures nous ne connaissons pas quel coefficient de dilatation ces gaz acquièrent spontanément, mais il est incontestable que la configuration rayonnée de l'auréole solaire accuse une force de projection dirigée vers les espaces célestes en s'élançant comme une innombrable quantité d'aigrettes cométaires.

» Il est probable que cette force d'expansion dirige les queues des comètes à l'opposé du Soleil, et s'étend à de grandes distances de l'astre à cause de l'énorme température et de la faible densité des gaz, malgré la masse supérieure du Soleil.

» En terminant, remarquons avec M. Chacornac que, s'il suffit à un noyau cométaire de subir une température à peu près égale à celle que reçoit la Terre pour émettre des jets gazeux lançant des particules cométaires à 12,000 lieues de distance, les gaz de la photosphère soumis à une température bien plus élevée doivent être poussés dans le vide par une énorme force d'expansion. »

Il me paraît que ces bizarres et ingénieuses conceptions ne peuvent rendre vraiment compte des phénomènes des taches solaires, de bien des particularités qu'elles présentent, et je crains qu'elles n'aient le sort de bien d'autres qui ont peu attiré l'attention des astronomes.

D'ailleurs, sans l'interposition d'une enveloppe réfléchissante que ne comporte pas l'hypothèse de M. Chacornac, on ne lui accordera point que le corps central puisse être solidifié malgré l'extrême chaleur photosphérique.

M. Trouessart, dans une leçon consacrée aux phénomènes des marées, a critiqué les considérations par lesquelles j'ai conclu que l'action de la lune et celle du soleil (1) tendaient à accélérer le mouvement rotatoire de la terre. Il a dit que ma théorie confondait le mouvement relatif avec le mouvement absolu, qu'elle était contraire au principe mécanique de l'indépendance des mouvements. Selon lui, au point de vue où il se place, la lune et le soleil agiraient sur la terre, sur les eaux, de la même manière que si la terre et ses eaux étaient en repos, et ainsi les effets différents que j'attribue à leur attraction sur les molécules liquides, selon la direction que suivent ces molécules dans leur mouvement rotatoire, ne seraient pas possibles.

M. Trouessart prétend que ma théorie, sous ce rapport, n'est pas plus admissible qu'une théorie qui aurait pour objet d'établir qu'un boulet de canon dirigé de l'ouest à l'est, c'est-à-dire dans le sens de la rotation terrestre, doit avoir une vitesse plus grande que celle qu'il aurait s'il était dirigé dans le sens contraire.

Pour moi, je proteste contre une telle assimilation qui ne me paraît nullement fondée. Ma théorie ne viole point la règle, bien entendue, de l'indépendance des mouvements, et ne confond point le mouvement relatif et le mouvement absolu.

Dans l'exemple d'un boulet de canon, je conçois bien que le boulet, étant soumis au mouvement rotatoire de la terre et de son atmosphère, en même temps qu'il l'est à sa vitesse propre, n'ait pas vraiment plus de portée du côté de l'est que du côté de l'ouest; mais est-ce que la lune est dans une dépendance analogue par rapport à la rotation de la terre? Non vraiment !

_____

(1) Ces actions, comme on sait, sont très-inégales. On dit souvent que l'attraction du soleil sur la terre est moindre que celle de la lune. Or, cela n'est point exact. Bien que le soleil soit à environ trente-huit millions de lieues de la terre, et que la lune n'en soit qu'à 95 mille lieues environ, la masse solaire excède tellement celle de la lune, que l'attraction du soleil sur notre globe est bien plus considérable que celle de la lune. Mais la différence des attractions exercées par le soleil sur le centre et la surface de la terre est bien moindre que la différence des attractions que notre satellite exerce sur ces deux points, et c'est ce qui explique que la lune ait plus de puissance effective que le soleil dans le phénomène des marées.

La lune à un mouvement propre de rotation qui ne suit pas celui de notre globe ; elle fait sa révolution et tourne sur elle-même en un temps bien plus long que le temps de la rotation terrestre ; de plus elle se meut généralement dans un plan différent de l'orbite terrestre. A ce point de vue, loin de violer l'indépendance des mouvements, je l'invoque ici. Certes la lune, supposée en repos, en présence de la terre, doit agir différemment sur les molécules mobiles de l'eau, selon que ces molécules, dans leur rotation, vont vers la lune ou s'en éloignent, suivant les diverses directions qu'elles affectent dans leur parcours relativement à la position de la lune. Cela s'applique aussi à l'action du soleil, dont les mouvements diffèrent beaucoup de ceux de la terre. (Voir la note 1 placée à la suite du livre.) Je maintiens donc ma théorie et regarde comme sans portée contre elle l'objection du savant professeur.

En me fondant sur des principes que j'ai établis dans cette note, j'ai supposé que les couches extérieures des enveloppes solaires marchent avec une vitesse angulaire plus grande que celle des couches inférieures. Or, par cette cause, jointe à la direction oblique des matières éruptives, les matières gazeuses de la photosphère tendraient généralement à surplomber et s'amasser à gauche de ses cavités; sur la droite, ces causes réunies tendraient à produire l'effet contraire. On peut ainsi s'expliquer pourquoi généralement les facules se produisent principalement à la gauche des taches.

NOTES CRITIQUES

I.

PHYSIQUE ET PHILOSOPHIE.

La physique sans explication des phénomènes, réduite aux faits constatés, notés, classés, est bien sèche et loin de satisfaire les esprits. Aussi, de bonne heure, dès les premiers temps, les philosophes ont-ils cherché les causes des phénomènes et signalé celles que leur réflexion ou leur imagination ont enfantées. S'il se trouve quelques physiciens qui paraissent dédaigner les explications, les spéculations théoriques, c'est que généralement ils ont désespéré d'arriver, sous ce rapport, à des solutions satisfaisantes.

L'esprit humain est très-enclin à généraliser, à induire des règles, des principes, des lois, de faits semblables, analogues sous un ou plusieurs rapports. On a même souvent abusé de la généralisation et de l'induction. Que de principes, que de lois, qui, proclamés et admis, ont ensuite été mis en doute et abandonnés!

Il est quelques lois qui semblent devoir se perpétuer : telle est celle de la gravitation. Pourtant, non-seulement cette loi, née de l'observation et de l'induction, ne s'impose pas, n'est point de sa nature incontestable, mais encore il y a des motifs spéciaux pour la révoquer en doute. J'ai montré, dans mes *Discussions sur les principes de la physique*, que, tout pesé, pour expliquer les faits de la manière la plus convenable, il faut supposer que les molécules de la matière s'attirent, mais qu'elles diffèrent essentiellement, substantiellement dans les divers corps; que, par exemple, l'oxygène est une substance vraiment différente de l'hydrogène, et que ce dernier diffère au même point de vue du carbone qui n'est point, substantiellement, ce qu'est l'azote. Ainsi des métaux et des autres substances réputées simples. J'ai aussi montré, dans le même livre, que l'explication des phénomènes relatifs à la porosité, l'élasticité et la compressibilité, à la chaleur, la lumière et l'électricité, exige l'hypothèse de divers fluides essentiellement différents qui se repoussent ou s'attirent entre eux et sont inégalement attirés par les molécules des corps. Or, il n'est pas plausible que, dans ces conditions, la loi de Newton proclamant que les corps s'attirent en raison directe des masses et en raison inverse du carré des distances puisse se vérifier, être rigoureusement vraie. Des substances différentes qui s'attireraient ne saurait le faire au même degré, suivant une même loi, et il en serait de même des substances différentes qui se repousseraient. Si l'on peut, sans erreur sensible, supposer et appliquer la loi de Newton, qu'on le fasse, mais en réservant alors les droits de la raison qui n'est pas complétement satisfaite.

Ce que je dis ici de cette loi je puis bien le dire de plusieurs autres, notamment de celles que la science a récemment édifiées et qui sont relatives à ce qu'on appelle l'*équivalent mécanique de la chaleur*. En résumé, voici en quoi consiste cette nouvelle doctrine :

En vertu des expériences de Joule et de plusieurs autres savants, il est admis que la quantité de chaleur engendrée par la même quantité de forces est fixe et invariable; que la quantité de chaleur qui élèverait d'un degré Fahrenheit la température d'une livre d'eau, est égale à celle qui serait engendrée par un poids d'une livre tombé d'une hauteur de 772 pieds, et dont la vitesse acquise serait subitement éteinte par son choc contre la terre ; que réciproquement la quantité de chaleur nécessaire pour élever d'un degré de chaleur la température d'une livre d'eau suffirait, si elle était appliquée mécaniquement sans aucune perte, pour élever un poids d'une livre à la hauteur de 772 pieds, ou un poids de 772 livres à la hauteur d'un pied.

Le travail fait, ou ce qu'on appelle l'*effet mécanique* est proportionnel à la hauteur ; et, comme une vitesse double répond à une hauteur quadruple, une vitesse triple à une hauteur neuf fois plus grande, et ainsi de suite, l'effet mécanique croit comme le carré de la vitesse. La masse du corps étant représentée par m et la vitesse par v, l'effet mécanique sera alors exprimé par

mv^2. On applique ces principes soit au cas où le poids, lancé en haut, n'a à vaincre dans son élévation que la résistance de la pesanteur, soit au cas où le poids aurait à vaincre la résistance de l'eau, de la vase, de la terre, du bois, ou d'un autre milieu quelconque. Si, par exemple, on double la vitesse d'un boulet de canon, son effet mécanique sera quadruplé. En un mot, la mesure de l'effet mécanique ou du travail est égale au produit de la masse du corps par le carré de la vitesse, produit qu'on désigne sous le nom de *force vive*.

Il est admis que la chaleur employée au travail mécanique disparaît; mais, pensant que rien, en réalité, ne saurait être anéanti, on assure que le travail ou mouvement produit par la chaleur est l'exact équivalent de la chaleur employée, qui elle-même n'est qu'une sorte de mouvement. On affirme conséquemment que la force vive se conserve indéfiniment.

Or, il me paraît que cette doctrine, théoriquement parlant, prise dans son sens absolu, est contestable. La variété des substances, la multiplicité changeante des conditions où elles se trouvent, ne permettent pas de penser que les principes en question soient des vérités théoriques absolues.

Cette assertion, que rien ne peut se perdre, s'anéantir, est un axiome que j'accepte en ce qui concerne la substance, la matière. Il est évident, en effet, que même la plus petite parcelle ne saurait s'anéantir, cesser d'être; mais rien de plus naturel que d'admettre la perte d'un mouvement. Si, par exemple, on suppose que deux corps en tous points semblables vont l'un vers l'autre avec une égale vitesse, n'admettra-t-on pas que, par leur rencontre, ils neutraliseront, ils anéantiront leur mouvement? S'ils se repoussent au contact, ils reviendront sur eux-mêmes; mais d'abord il s'agit de savoir si le mouvement qu'ils prendront en sens contraire sera égal à celui qu'ils avaient avant leur rencontre, et, d'ailleurs, il n'en sera pas moins vrai que leur premier mouvement a cessé, qu'il a pu ainsi s'anéantir.

Newton, pour rendre compte des mouvements des corps célestes, a imaginé qu'ils sont tous soumis à une même force qu'il a appelée *attraction* ou *gravitation*. Il a jugé qu'ils s'attirent en raison directe des masses et en raison inverse du carré des distances. Puis, sentant que des corps ne peuvent agir les uns sur les autres à distance, il a avoué l'impuissance où il était d'indiquer la nature et le siége de cette force universelle qu'il avait supposée.

Les corps sont poreux, certainement formés de molécules ou atomes distants les uns des autres. La pénétrabilité, la compressibilité et la dilatabilité des solides, des corps en général, la vaporisation des liquides et la tension des gaz le prouvent. Généralement un corps chauffé se dilate, un corps refroidi se contracte, mais il reste pénétrable. Quelle est la force qui tend à éloigner les molécules d'un corps quand il est échauffé? Quelle est celle qui tend à les rapprocher quand le corps refroidi se contracte? Qu'est-ce que la chaleur? qu'est-ce que le froid? Ce sont là des questions qui ont singulièrement exercé l'imagination des physiciens philosophes. Les uns ont supposé que les molécules d'un corps s'attirent mutuellement, d'où naîtrait la cohésion moléculaire; que de plus il existe entre elles une force répulsive qui tend à les écarter, que tantôt c'est la force attractive, tantôt la force répulsive qui domine, et que de cette sorte d'antagonisme résultent les divers degrés d'intensité. Mais d'abord comment admettre que les molécules s'attirent, qu'elles agissent les unes sur les autres à distance? Et puis, si elles s'attirent, elles ne se repoussent pas; il faudrait opter ici. Une même partie élémentaire, par elle-même, ne peut pas à la fois attirer une autre partie et repousser une autre partie. Veut-on supposer, dans ou sur une même partie matérielle, des forces immatérielles, des substances purement spirituelles, dont les unes attirent et les autres repoussent? Mais une substance immatérielle, sans étendue, n'est nulle part et ne peut ainsi être dans ou sur une partie matérielle. Il faut donc rejeter cette hypothèse. Y a-t-il un fluide matériel mais très-subtil qui, placé entre les molécules d'un corps, tend à les repousser, à les éloigner les unes des autres? Ce fluide, si subtil, si délié qu'il fût, consisterait en des parcelles matérielles qui seraient généralement à distance les unes des autres : autrement la porosité disparaîtrait. Or, ces parcelles de fluide ne sauraient agir les unes sur les autres à la distance, quelque petite qu'elle soit, existant entre elles. Supposera-t-on qu'elles agissent par répulsion directe sur les molécules? Il faudrait admettre aussi qu'elles n'opèrent alors qu'au contact. Si l'on pouvait expliquer les phénomènes, en ce qui concerne la force répulsive, dans l'une ou l'autre de ces hypothèses de contact réel, il resterait encore l'impossibilité de rendre compte de la force de cohésion par l'attraction moléculaire, qui devrait et pourtant ne saurait s'exercer à distance.

Cette difficulté radicale a été comprise, et l'on a fait effort pour la surmonter. On a notamment cherché une explication de la cohésion dans un mouvement rotatoire attribué aux molécules. M. Trouessart, dans une de ses leçons, a présenté comme très-admissible cette hypothèse.

Ce prétendu mouvement de rotation moléculaire ne saurait expliquer pourquoi, si je saisis et tire vers moi un corps, un bâton, par exemple, par une extrémité seulement, tout ce corps suit le mouvement que j'imprime à la partie saisie et tirée. M. Trouessart ne peut pas dire que, si les molécules de cette partie suivent celles qui sont directement emportées, déplacées, ce n'est pas là un effet de cohésion, mais un effet d'élasticité, de tension des molécules non saisies, de même que des molécules d'un gaz comprimé s'écartent quand la compression cesse. Cela ne serait point admissible, car ce n'est pas, principalement du moins, par la compression que les molécules d'un corps solide sont retenues les unes près des autres : on le voit en faisant le vide sur un corps dur placé sous le récipient de la machine pneumatique : il reste sensiblement dans le même état de densité. Dira-t-on que le récipient est alors à très-peu près vide d'air, mais qu'il peut contenir quelque autre fluide dont la pression continue à maintenir le corps à l'état de solidité? — Si cela est, pourquoi ce prétendu fluide qui, dans le récipient, maintient les unes près des autres les molécules du corps solide, ne peut-il, à beaucoup près, exercer le même pouvoir sur les liquides, dont les molécules s'écartent si considérablement en ce cas? Cette différence ne saurait tenir uniquement à ce que les molécules des liquides seraient plus écartées que celles des solides par la force répulsive agissant entre elles; car il est des corps liquides dont la densité est plus grande que celle de tel solide gardant sensiblement sa densité dans le vide de la machine pneumatique. D'ailleurs si, au lieu de ce bâton que j'emporte en totalité en le tirant par un bout, je veux saisir et entraîner une masse liquide, je n'entraîne qu'une très-faible partie de ce corps; ce qui ne devrait pas arriver, si ses molécules avaient une si grande tendance à s'écarter par l'action de la force répulsive interposée, n'étaient retenues les unes près des autres que par des forces extérieures, par la pression de l'air et celle de quelque autre fluide. Il faut donc toujours en venir à reconnaître que les molécules des corps ont par elles-mêmes une tendance à rester rapprochées les unes des autres, qu'il y a une force de cohésion qui les régit, qui ne leur est pas extérieure et ne saurait consister dans un mouvement, rotatoire ou autre, qu'elles effectueraient.

Au reste, les expériences connues que M. Trouessart a présentées à l'appui de cette hypothèse ne sauraient la justifier. Elles montrent seulement, ce qu'on sait bien, que si un corps tourne, se meut dans un sens, il oppose une résistance à une force qui tend à le mouvoir dans un autre sens.

J'ai réfuté ailleurs (1) diverses théories imaginées pour expliquer les forces de cohésion, d'attraction ou gravitation, par des compressions ou répulsions.

Suivant MM. Keller, notamment, les vibrations longitudinales des ondes éthérées condensantes et dilatantes, n'étant que des impressions suivies de réactions, et les réactions étant toujours plus faibles que les impulsions, il reste en définitive un excès de force dans le sens de la propagation qui doit se communiquer aux corps denses et résistants, faire obstacle à la propagation et les pousser les uns sur les autres.

On ne peut admettre une telle explication de l'attraction ou gravitation.

La pesanteur s'exerce tout autour de la surface de la terre. Partout les corps non suspendus y tombent, et la gravitation y est généralement et sensiblement la même à une même latitude et à une même hauteur : si donc elle résultait seulement de pressions exercées de haut en bas, d'un excès de répulsions en ce sens, comme l'entendent MM. Keller, la terre devrait se trouver pressée, repoussée de tous côtés également ou à très-peu près également, et conséquemment elle serait immobile ou presque immobile. Comment, en effet, dans l'hypothèse, accomplirait-elle des révolutions ? Comment pourrait-elle être lancée dans l'espace avec la vitesse énorme qu'on lui attribue ? Si l'on suppose que primitivement un mouvement en ligne droite a été imprimé à notre globe, il faudra dire quelle force lui a imprimé ce mouvement, et il serait rationnel de penser que cette force est aussi l'attraction, la gravitation, qui, pourtant, ne saurait produire un tel effet, dans l'hypothèse de MM. Keller. D'ailleurs si la terre, obéissant à une première impulsion rectiligne, était en même temps pressée également de tous côtés, elle suivrait une

(1) *Discussions sur les principes de la physique*, ch. 1, p. 46.

ligne droite, elle ne ferait point de révolution autour du soleil.

Ce que je viens de dire de la terre s'appliquerait aux autres planètes. Le soleil lui-même sans doute exécute des mouvements très-rapides autour d'un centre de gravitation : comment pourrait-il se mouvoir, tourner autour de ce centre, s'il était également pressé de toutes parts ?

Et puis, d'où viendraient ces répulsions longitudinales qui arriveraient à la terre *de haut en bas*, qui se propageraient par excès *dans le sens de la propagation*, si ce n'est du soleil et des autres astres ? Mais alors, en somme, le soleil ne serait donc pas repoussé, et nulle cause ne pourrait être attribuée à ses mouvements de translation, de révolution dans l'espace.

MM. Keller, il est vrai, assurent qu'il se produit *une infinité de systèmes d'ondes se croisant en tous sens*, au moyen desquels *les corps denses* seraient *poussés les uns vers les autres, en raison directe de leur masse et en raison inverse de leur distance ;* mais généralement, je le répète, à la surface de la terre, aux deux extrémités d'un même diamètre, la gravitation s'exerce également; généralement il y aurait donc, en définitive, pareille répulsion, égal *excès de répulsion de haut en bas*, sur notre globe, et il en serait ainsi sur les autres planètes, sur les autres astres où aurait lieu la gravitation : il n'y a donc pas moyen d'accepter ici ce croisement de systèmes d'ondes, d'actions et de mouvements distincts qu'invoquent les auteurs de la théorie.

Soit qu'on attribue la force répulsive à la matière ordinaire, dite pondérable, soit qu'on la place dans un fluide particulier, dans l'éther, on ne saurait, avec cette seule force, se rendre compte d'une foule de phénomènes.

Ainsi, par exemple, ce ne peut être uniquement à une force de répulsion que sont dues les combinaisons et décompositions chimiques. Toutes les fois qu'une partie s'unit à une autre, se combine avec elle, y a-t-il donc toujours précisément des parcelles de fluide qui poussent ces parties l'une vers l'autre? Pourquoi cette affinité constante, spéciale, qu'on remarque entre tels corps? Pourquoi l'oxygène et l'hydrogène seraient-ils plus portés à s'associer l'un avec l'autre qu'avec telles autres substances ?

Qu'on admette une répulsion au contact, entre les parcelles du fluide intermoléculaire, de l'éther, ou que la répulsion, aussi au contact, soit supposée s'exercer directement entre les parcelles du fluide et les molécules des corps, on ne saurait donner des explications satisfaisantes des degrés de cohésion, de compressibilité et d'élasticité. Parmi les corps, il en est de très-compressibles, conséquemment poreux à un notable degré, et qui sont fort peu élastiques. Si la porosité était due uniquement à la grande quantité ou a des vibrations énergiques de leur fluide intermoléculaire, pourquoi offriraient-ils peu de résistance à la compression et peu d'élasticité ?

Ce n'est pas au milieu ambiant qu'il faut attribuer les degrés, les inégalités de cohésion, de compressibilité et d'élasticité des divers corps, car ces degrés, ces inégalités se manifestent dans des milieux semblables, analogues.

Est-ce la pression extérieure qui fait cristalliser des corps, qui fait que des molécules se placent dans un ordre régulier ? On sait que de l'eau peut être portée à une température inférieure à zéro, sans se congeler ; l'agitation du vase qui la contient suffit pour la congeler subitement : ce singulier phénomène est-il l'effet de la pression extérieure ? Non vraiment ! mais supposez, que les molécules qui se cristallisent, celles qui se congèlent, s'attirent mutuellement, vous pourrez admettre aisément que leur forme soit telle, que leur attraction mutuelle s'exerce avec plus ou moins d'intensité suivant qu'elles se présentent telle ou telle face ; vous concevrez ainsi qu'elles puissent tendre à se disposer d'une certaine et même manière, dans leurs mouvements d'oscillations, quand d'ailleurs rien ne s'y oppose, quand notamment elles sont à une température convenable, c'est-à-dire que l'éther interposé vibre avec un certain degré d'intensité qui permet ou favorise le phénomène. On peut penser que l'agitation qu'on leur imprime dans l'expérience que j'ai rappelée, détermine un mouvement oscillatoire favorable à cet effet. Je m'explique qu'un morceau de glace ou de cristal jeté dans le vase facilite la congélation, en considérant que les molécules de glace ou de cristal offrent un arrangement analogue à celui que doit prendre l'eau du vase pour se congeler ; et que d'ailleurs la chute du corps dans le liquide imprime à l'éther, aux molécules, un mouvement, des oscillations qui leur permettent de se présenter les faces suivant lesquelles leur attraction peut prédominer et les fixer. L'eau remonte alors à zéro, par l'accroissement du mouvement oscillatoire de l'éther. Tout ici s'explique, en supposant le concours d'attractions moléculaires et de vibrations d'un fluide dont les particules se repoussent à distance ; rien n'est suffisamment expliqué si l'on veut

supprimer une de ces actions, ou si l'on ne veut admettre que
des mouvements rotatoires ou autres et des chocs moléculaires.

Pourquoi un gaz tend-il à se raréfier de plus en plus par l'é-
loignement de ses parties, bien que la répulsion mutuelle des
particules de l'éther diminue bien plus rapidement que l'attraction moléculaire de ces corps? C'est que, à mesure que les molécules des gaz s'éloignent par la distension de l'éther, de nouvelles particules d'éther s'introduisent entre elles et viennent ainsi
augmenter la force répulsive et la tension. Dans le système dyna-
mique, qu'on voudrait substituer au système dit statique, pourquoi les gaz ont-ils plus de tension et d'élasticité que les solides
et les liquides? Cela ne peut être dû à la chaleur, car à égal
degré de température, dans le même milieu, les solides et les
liquides conservent sensiblement leur volume, tandis que les gaz
tendent sans cesse à l'augmenter. Il faut donc supposer une force
indépendante de la répulsion et de la température, qui tend à
tenir les unes près des autres les molécules, qui prévaut dans les
solides et les liquides et est vaincue par la force répulsive dans
les gaz.

M. Trouessart est très-porté à refuser toute *force réelle* à la
matière, du moins il professe qu'on peut expliquer tous les phénomènes physiques et chimiques sans recourir à des forces réelles,
et en ne considérant dans les corps que la *force d'inertie*.

Je ne saurais accueillir une doctrine aussi excentrique. En
vertu de l'*inertie*, une molécule est par elle-même indifférente
au repos ou au mouvement, en ce sens que, si elle est en repos,
elle y restera tant qu'une cause extérieure ne la fera pas sortir de
cet état. Si elle est en mouvement, elle y reste et garde son même
mouvement en direction et intensité, tant qu'une cause externe
ne vient pas arrêter son mouvement ou le modifier. Si une molécule en repos et en état d'inertie est rencontrée par une molécule en mouvement, elle prendra exactement le mouvement de
celle-ci en direction et intensité. Si deux molécules qui se rencon-
trent se meuvent en sens contraire, les deux molécules prendront
un même mouvement dont la vitesse sera égale à l'excès de la
vitesse de l'une sur celle de l'autre. Si, allant en sens contraire,
elles ont une égale vitesse, elles s'arrêteront par l'anéantissement
mutuel de leur mouvement. Vont-elles dans le même sens? elles
auront, après le choc, une vitesse commune qui ne sera autre
que celle de la molécule qui allait plus vite.

Or, comment, avec ces données, se rendre compte des phénomènes de cohésion et d'affinités moléculaires ? Comment expliquer ceux d'élasticité? Comment concevoir la gravitation, la pesanteur ?

M. Trouessart, avec bien d'autres, admet que les molécules des gaz élastiques rebondissent sur les parois des vases où ils sont emprisonnés : certes cela ne peut être un effet de l'inertie. Par l'inertie, les molécules des gaz qui sont en mouvement devraient rester unies aux parois du vase. L'élasticité exige l'hypothèse d'une force répulsive. Si un corps, comprimé, diminué de volume par la compression, reprend son volume quand la compression cesse, ce retour ne peut résulter de l'inertie de ses molécules: il faut supposer ici quelque force répulsive intermoléculaire qui a été momentanément vaincue par la compression et qui reprend son empire aussitôt que celle-ci n'existe plus. Quand un corps élastique est forcément étiré de manière à éloigner ses molécules les unes des autres, et que, abandonné ensuite à lui-même, ses molécules reprennent leur place primitive, il n'y a point non plus moyen d'expliquer ce phénomène par l'inertie. Il est nécessaire de supposer quelque force attractive qui rapproche les unes des autres les molécules violemment écartées ; il n'est point supposable que ce soit seulement par des chocs de molécules extérieures au corps qu'il se resserre et reprend son premier état ; car mettez à sa place un autre corps mou, non élastique, et étirez-le, il gardera sensiblement l'état, la forme que vous lui aurez donnés.

Si les molécules des gaz, des vapeurs tendent à se séparer de plus en plus, cela n'est point dû à l'inertie de la matière de ces gaz ou vapeurs. Ces corps peuvent se condenser par le refroidissement; quelques-uns peuvent même être liquéfiés et solidifiés : ce qui ne peut s'expliquer qu'en admettant que, par le rapprochement de leurs molécules, l'attraction moléculaire finit par équilibrer et même par surpasser la force répulsive qui tendait à les écarter les unes des autres.

La lumière, la chaleur et les sons s'expliquent par des vibrations particulaires. L'hypothèse des émanations est justement abandonnée. Or, des vibrations, ce mouvement de va et vient qu'il faut admettre, ne peuvent non plus résulter de l'inertie, de simples mouvements et chocs de parcelles inertes. Une parcelle qui en rencontrerait une autre ne rebondirait pas; elles resteraient

unies, s'il n'y avait aucun fluide répulsif entre elles. Toutes les
molécules ou parcelles qui, se mouvant sur une même ligne, se
rencontreraient, s'uniraient dès lors pour ne former qu'un corps,
qu'une file continue; elles ne formeraient point des vibrations
laissant entre elles des espaces vides; espaces qu'il faut pourtant
bien admettre, car les corps sont poreux et les vibrations doivent
pouvoir s'établir dans toutes les directions.

En résumé, et tout pesé, pour expliquer logiquement les
phénomènes, il faudrait supposer que les molécules des corps agissent à distance les unes sur les autres par attraction, et que les
parcelles de l'éther opèrent aussi à distance les unes sur les autres par répulsion. Mais des actions à distance sont inadmissibles :
un objet ne peut agir là où il n'est pas. La conclusion que j'en
tire, c'est que les phénomènes physiques ne sont pas réels, et
nous verrons bientôt d'autres motifs pour reconnaître leur idéalité.

Naguère, dans une de ses leçons, M. Trouessart, faisant une
excursion dans le domaine de la philosophie ancienne, a parlé des
objections qui dès lors étaient élevées contre la réalité du mouvement; il a rappelé principalement cette argumentation consistant
à dire que le vide est impossible, et que cependant le mouvement
ne saurait se produire dans le plein. Il a contesté cette dernière
proposition en lui opposant ce fait, que le poisson se meut dans
l'eau, qu'un corps plus pesant que l'eau va au fond de ce
liquide.

Or est-ce que l'eau offre un plein absolu? est-ce qu'elle n'est
pas formée de molécules distantes les unes des autres? Est-ce que
tous les corps ne sont pas poreux? Dans cette même leçon,
M. Trouessart lui-même a professé, soutenu le principe de la porosité des corps? Comment donc concilier des propositions si contraires énoncées par l'éminent professeur?

Admet-il entre les molécules pondérables des corps un fluide
dont les particules sont d'une petitesse extrême comparativement
aux molécules pondérables? Soit; mais entre ces particules de
fluide, il y a du vide, sinon le mouvement y est impossible; si
elles forment un tout continu avec les molécules pondérables,
quelle que soit leur nature, elles excluent et leur propre mouvement et celui des molécules pondérables. Le mouvement implique nécessairement une certaine quantité de matière, si petite
qu'elle soit, qui change de lieu, qui va d'un point de l'espace à

un autre. Il faudrait, pour le mouvement, qu'il y eût un espace qui, considéré en soi, fût vide, fût comme un vase dans lequel un corps, une partie matérielle, changerait de lieu. On a eu beau subtiliser sur ce point, on n'a pu changer l'idée première, l'idée vraie de mouvement qui est bien telle que je viens de la présenter. La matière subtile de Descartes a complétement échoué contre le bon sens proclamant la nécessité du vide pour le mouvement. Qu'un corps se meuve circulairement, en ligne courbe (1) ou en droite ligne, il faut toujours qu'il y ait matière changeant de lieu dans l'*espace*, dans cette sorte de vase dont j'ai parlé, et qui, *en lui-même*, je le répète, devrait être vide, c'est-à-dire une étendue sans corps, de sorte qu'il faudrait qu'une qualité, l'étendue, pût être en soi, pût être sans objet étendu, sans quelque chose ou substance ayant cette qualité ; proposition absurde.

Descartes a bien compris l'impossibilité de cette même proposition, mais ce qu'il n'a pas suffisamment senti, compris, c'est l'impossibilité du mouvement dans le plein absolu. De là son roman des tourbillons et de sa matière subtile, édifié en dépit de l'hypothèse de ce plein.

M. Trouessart a-t-il suffisamment réfléchi sur cette grave question qu'il a osé remuer dans son cours ? Non sans doute. Au reste, il faut convenir que cette question, creusée, approfondie, est de nature à singulièrement embarrasser un professeur de physique, du moins d'après l'esprit général de la philosophie qui règne. Que penserait l'auditoire de ce professeur si, après discussion, il venait à conclure que le mouvement n'existe pas ? A ce point de vue, il est visible que M. Trouessart, pas plus que les autres professeurs de physique, ne peut examiner la question avec cette indépendance, cette pleine liberté d'esprit qu'un tel examen devrait comporter. Et puis, qu'ils sont rares les hommes qui savent mettre réellement en doute l'existence du monde phénoménal, des corps, du mouvement, de tout ce qui semble tomber sous les sens, et qui, dans cet ordre d'idées, prennent courageusement la résolution de chercher et d'admettre finalement les solutions que la raison, la *pure raison*, pourra leur révéler ! Descartes le tenta, et il commença assez bien cette tâche, mais bientôt

_____

(1) A d'autres points de vue, dans le livre contenant l'exposé de mon système philosophique (p. 365), j'ai montré l'impossibilité du mouvement curviligne.

il trébucha, il faillit en route et se contenta de sophismes pour
sauver Dieu et le monde sensible.

Non, le mouvement n'est pas possible, et ce n'est point seulement parce que le vide est chimérique, mais encore par bien
d'autres raisons radicales, que j'ai présentées dans l'exposé de
mon système philosophique (1), et dont voici les principales :

1° Les corps n'existent pas, il n'est pas de substances matérielles. En effet, toute substance réelle est par elle-même, in-
créée ; elle doit être telle que, si l'on pouvait la connaître, on
pourrait aussi voir la nécessité de son existence, de tout ce qui
la constitue. Si donc il y avait une substance étendue, de la
matière, sa quantité devrait être nécessaire, en ce sens que, si
on connaissait vraiment cette substance, on pourrait reconnaître
qu'elle doit exister en telle quantité, qu'elle ne saurait exister
en plus ou moins grande quantité que celle qu'on lui attribuerait.
Or, la raison dit aussi qu'il ne saurait y avoir de quantité nécessaire pour la matière, que sa quantité devrait être indifférente
à sa nature ; donc il n'est pas de substance matérielle, pas de
corps. Il n'est donc pas de mouvement, car le mouvement serait
un corps, une partie matérielle changeant de lieu, passant d'un
point de l'espace à un autre point, quelle que fût d'ailleurs la
direction du mouvement, qu'il décrivît une courbe ou une droite.

2° Il n'est pas de durée, nulle substance ne dure, n'est successive ; car si une substance avait une durée, ou bien elle aurait
commencé d'exister, ce qui est impossible, ou bien elle serait
depuis un temps infini, ce qui ne se peut non plus : un temps
infini écoulé implique contradiction. Supposez que le monde physique soit réel, et que sa substance soit depuis un temps infini.
Pourquoi, dans cette hypothèse, tel fait, tel phénomène qui se
produit à tel temps, tel instant, n'est-il pas arrivé plus tôt ou plus
tard ? Supposez qu'il soit arrivé mille ans plus tôt : il aura encore eu l'éternité pour se produire. Imaginez qu'il ne soit venu
que mille ans plus tard ; il se sera encore produit après une éternité, et ainsi nulle raison, nulle cause déterminante de l'époque
de sa production ; cause qui pourtant devrait être, dans l'hypothèse. Ainsi point de durée. Donc le mouvement, qui implique
la durée, ne saurait non plus exister.

(1) Livre qui se trouve maintenant à Paris, chez Penaud et Jolly, libraires, rue Visconti, 22, 1 vol. in-8°, 3° édition.

Par la même raison, nul changement n'est possible, rien n'a-
git, rien ne change réellement.

Ce qui sent et pense n'est pas matière, n'a aucune étendue.
En effet, l'étendue est divisible, et le sentiment, le fait de sentir
ou penser est essentiellement indivisible. Une parcelle de matière,
si petite qu'elle fût, serait divisible par la pensée ; on pourrait
parler, s'occuper de la moitié, du tiers, d'une portion quelconque
de cette parcelle. Or, si la molécule sentait, si elle avait un sentiment, une idée, chacune des portions conçues en elle devrait
obtenir une portion du sentiment, de l'idée ; or le fait de *sentir*,
de *penser*, ne peut ainsi se partager ; donc la substance sentante,
pensante, n'est pas divisible et conséquemment n'a aucune étendue, n'est conséquemment *en aucun lieu*, n'est *nulle part ;* car
pour être en un lieu, il faut occuper quelque point, avoir l'é-
tendue de ce point : un point indivisible dans l'espace est une
chimère.

Je démontre de même que l'être sentant n'a aucune durée.
S'il avait une durée, en effet, le sentiment, l'idée aurait lieu à
quelque instant, à une portion quelconque de sa durée, portion
qui, si petite qu'elle fût, serait divisible. Il faudrait donc que le
sentiment, l'idée pût se diviser de même, ce qui, je le répète,
est impossible. Le fait de sentir ou penser ne peut pas plus se
partager dans le sens de la durée que dans celui de l'étendue.
Ainsi l'être sentant ne dure pas, il n'est à aucun instant ; il n'a
pas été, il ne sera pas, il n'est même pas actuellement, car l'ac-
tualité suppose un instant *présent*, implique une durée quelconque, tout instant, si court qu'il soit, étant une durée divisible.

L'être sentant *est*, il n'est ni dans le temps ni dans l'espace :
c'est un ordre d'existence, une manière d'être que nous ne pouvons connaître, nous représenter, mais la raison ne dit pas que
nous devions connaître les substances réelles.

Ici une objection se présente : nous avons une succession de
sentiments, d'idées, dira-t-on, nous sommes donc successivement,
la substance sentante a donc une durée. Objection que je réfute
ainsi : Étant sans durée, non successif, l'être sentant, pensant,
n'a *réellement* qu'un sentiment ou fait de sentir indivisible et sans
durée, mais son sentiment, qui résulte uniquement et directement de sa substance, comporte, peut comporter plusieurs objets,
des objets de divers ordres, qui se succèdent sont disposés dans
un ordre successif. Une comparaison va faire mieux comprendre

la portée de cette explication. De même que, sans avoir aucune étendue, sans être en un lieu quelconque, l'être sentant sent, conçoit plusieurs objets, divers corps disposés les uns à la suite des autres, les uns en dehors des autres dans l'espace, de même aussi cet être, sans avoir aucune durée, sans être à aucun temps, peut sentir, concevoir divers objets disposés les uns en dehors des autres dans le temps. C'est ainsi que se produit le phénomène, le fait un et indivisible du sentiment comprenant plusieurs objets successifs. Pour bien saisir ceci, il ne faut pas perdre de vue que le sentiment, comme la substance qui sent, n'est à aucun instant.

Je vois aussi que, quand même le monde physique serait réel, il ne pourrait être nullement en communication avec l'être sentant, pensant. *L'âme*, n'étant nulle part, et ne durant pas, n'étant à aucun temps, ne saurait être unie substantiellement avec le corps, ni assister aux moments, aux phénomènes corporels; elle ne saurait recevoir l'action ou influence de la matière, ni opérer, influer en rien sur elle: l'action ou influence implique la durée, le temps, le passage d'un état à un autre, d'un instant à un autre.

A d'autres points de vue, on peut voir, et j'ai montré, dans l'exposé de mon système philosophique, que toute action ou influence et tout changement réel sont impossibles.

Quand même des êtres auraient une durée, ils ne sauraient agir les uns sur les autres, se modifier en aucune manière. En effet, d'abord ils ne sauraient changer en rien leur substance, qui doit être indestructible, et, ne pouvant en rien changer leur substance, ils ne pourraient produire aucune autre modification. Ainsi une substance sentante qui serait supposée avoir une durée, ne pouvant être modifiée en elle-même, devrait continuer à sentir exactement de la même manière, elle ne saurait avoir une succession de sentiments divers. Nul changement physique ne serait non plus possible. Supposons une molécule de matière en contact avec une autre; leur substance ne pouvant changer par ce contact, elles resteront en tous points ce qu'elles sont, comme elles sont. Si une molécule *a* était en mouvement et en rencontrait une autre *b* en repos, comme elles ne se modifient point substantiellement, *b* devrait rationnellement rester en repos, et *a* continuer son chemin; ce qui implique contradiction. C'est là une antinomie de la raison appliquée à l'hypothèse des corps et du mouvement, antinomie qui vient encore s'ajouter à tout ce qui d'ailleurs renverse le monde matériel.

Sous un rapport, le mouvement devrait résulter de la nature même du corps en mouvement. Or, dans cette hypothèse, il n'y aurait aucune raison pour que ce mouvement fût dirigé plutôt dans un sens que dans un autre, et pourtant il faudrait que sa direction, comme sa vitesse, résultât de la nature du corps.

On voit comme tout s'enchaîne dans mon système, comme tout vient converger vers les mêmes résultats : la négation du monde matériel et phénoménal, de toute action ou influence réelle. Il ne reste de possible que l'existence d'êtres immatériels et sans durée dont la manière de sentir, de penser résulte uniquement de la substance de chacun. Ces substances, d'ailleurs, doivent être essentiellement différentes, car chacune doit exister nécessairement, et, si l'on en supposait plusieurs semblables, l'existence de l'une exclurait la nécessité de l'existence des autres. Toutefois, il peut y avoir une très-grande analogie entre leurs manières de sentir, de penser.

L'être sentant n'agissant point, se bornant à sentir, n'est donc pas libre. La volonté d'ailleurs n'est que sentiment, c'est un désir prédominant, et évidemment un sentiment n'agit pas. Or, le libre arbitre implique l'action de la volonté. Le libre arbitre est, sous un autre rapport, — contraire à la raison, qui assure que tout effet est nécessaire, que, pour produire un effet différent, il faut une cause différente. Si vous dites que, dans les conditions où j'ai pris telle détermination, je pouvais me déterminer autrement que je ne l'ai fait, c'est admettre que les mêmes causes, celles de ma détermination, pouvaient produire un autre effet que celui qu'elles ont produit.

Dieu est impossible : il n'y a point un être créateur ou ordonnateur, infini en puissance, en toutes sortes de perfections. L'infini est impossible. Dieu est impossible comme créateur, car nulle substance ne peut commencer d'être, tout être réel est par soi-même. Dieu est impossible comme ordonnateur du monde, car le monde, qu'on dit ordonné, n'est pas; et d'ailleurs, je l'ai montré à plusieurs points de vue, rien ne change, rien n'agit. La liberté, le pouvoir qu'on attribue à Dieu, sont chimériques. Dieu, étant une substance spirituelle, immatérielle, serait sans durée, n'existerait à aucun instant; or son action sur le monde impliquerait une durée et dans l'ordonnateur et dans les substances ordonnées. On a dit, je le sais, que Dieu, l'esprit suprême, étant infini, est à la fois partout et en tout temps, qu'il a tout présent à la fois ; mais ce sont là des propositions monstrueuses : la raison proclame qu'un esprit, une substance sans étendue n'est nulle part et qu'une substance ne peut être présente à plusieurs temps à la fois. Le monde apparent, où l'on prétend puiser des raisons d'admettre un être parfaitement sage, juste et bon, nous offre incessamment des crimes, des cruautés, mille désordres physiques et moraux. Pourtant, dit-on, *à l'œuvre on juge l'ouvrier.* Le monde, pût-il être réel, l'ordre qu'on y observe, qu'on y admire, bien qu'il laisse beaucoup à désirer, ne prouverait point que le monde est l'œuvre d'une intelligence. La raison dit, au contraire, qu'une intelligence, une volonté, quelle qu'elle soit, n'agit pas, ne peut être une force, ne peut réellement rien créer ni modifier.

Ici je n'ai fait qu'ébaucher l'exposé de ma doctrine. On trouvera, dans le livre cité plus haut, des développements, des discussions et des critiques qui n'ont pu trouver place dans cette note.

En somme, la philosophie qui règne n'est pas en progrès sur celles des temps antiques, du moins sur les spéculations des sceptiques et idéalistes qui fleurissaient aux beaux jours de la philosophie grecque. Alors il se trouva maint penseur qui osa non-seulement mettre en doute, mais nier le monde phénoménal. Je rappelle que Xénophane, fondateur de l'école d'Élée, la opposant raison aux sens, et proclamant que rien ne se fait de rien, en concluait que rien ne commence d'être, ne change de mode d'être ; que ce qui existe est éternel, immuable, unique ; qu'il n'y a qu'une substance qui remplit l'espace.

Parménide, de la même école, n'accordait qu'à la raison le droit de prononcer sur la réalité et la vérité des choses. Les sens, selon lui, ne nous offrent que des apparences, non point des objets réels existant au dehors. La raison enseigne que ce qui existe est identique, éternel, immuable, immense.

Mélissus, autre éléatique, disait : La preuve que les sens nous trompent, c'est qu'ils nous présentent des choses variées et mobiles, lorsque la raison démontre que de tels objets ne peuvent exister réellement.

Gorgias, sophiste, opposa la raison à elle-même. « Il n'existe rien de réel, disait-il ; lors-même qu'il existerait quelque chose de réel, nous ne pourrions le connaître.... »

« Tout est relatif, dit Protagoras, autre sophiste ; toutes choses sont dans un flux et un mouvement perpétuel ; point de distinction entre ce qui est réel et ce qui ne l'est pas, chacun affirme à aussi bon droit les choses les plus contradictoires. »

Aristippe, de l'école de Cyrène, n'accorde aux sensations qu'une valeur subjective : selon lui nous ignorons s'il y a un objet extérieur qui soit la cause de nos impressions, quel est cet objet, et si ses propriétés correspondent à ce que nous avons ressenti.

Aristote professe aussi que nos sensations ne sont que nos propres manières d'être, n'ont aussi qu'une valeur purement subjective.

Tout n'est point vrai dans les pensées hardies que je viens de rapporter, et elles ne renferment point toute la vérité ; toutefois je ne puis m'empêcher de penser que si de tels hommes vivaient en ce temps-ci, et si je pouvais leur exposer mon système philosophique, ils seraient plus capables de le comprendre ou du moins de l'accepter, que nos philosophes d'à présent.

Dans les temps modernes, d'éminents métaphysiciens ont brillé sur la scène philosophique.

Descartes récusa le témoignage des sens et commença par douter de l'existence des objets extérieurs. « La pensée seule, dit-il, nous révèle l'être de l'âme, qui est la première réalité et aussi la seule substance que nous puissions atteindre directement, comme par intuition. Nous n'avons aucune prise directe sur tout ce que nous appelons substances matérielles; nous ne connaissons rien en effet, que par nos idées, et les idées ne sont autre chose que les modifications de notre âme. »

Mais, suivant Descartes, c'est par la volonté de Dieu que nous éprouvons ces modifications, que nous avons ces idées d'où nous déduisons l'existence des corps. Or, Dieu est parfaitement véridique et incapable de nous tromper : donc le monde physique existe.

Descartes d'ailleurs refusa au monde sensible toute influence véritable sur les âmes et à celles-ci toute action sur la matière.

Hume soutint que toute connaissance objective est impossible ; que nos sensations peuvent n'être que de simples apparences.

Kant refuse absolument à l'homme la connaissance des propriétés, des qualités réelles des objets; il soutient qu'ils nous sont inconnus sous tous les rapports : l'étendue, la durée même, peuvent ne pas leur appartenir, ne leur appartiennent pas.

Huet, Bayle, Glanwil ont manifesté des doutes sur la réalité des corps, des objets extérieurs.

Bien des sensualistes eux-mêmes ont reconnu que le fait seul de la sensation ne prouve pas l'existence des corps. Locke, Helvétius et bien d'autres se sont prononcés en ce sens.

Les physiciens généralement enlèvent aux corps les couleurs, les saveurs, les odeurs et les sons, la chaleur et le froid, en se fondant sur ce que ces qualités appelées secondes sont variables, ne sont point permanentes dans un même objet.

Berkeley professa un idéalisme fort étendu et un spiritualisme absolu; il nia la matière.

Dans le livre contenant l'exposé de mon système philosophique, j'ai critiqué l'idéalisme de Kant et celui de Berkeley. Ces doctrines sont fondées sur des principes, des notions dont j'ai montré l'inanité; mais ces philosophes ont du moins bien compris que rien ne prouve la réalité de la matière, du monde physique.

De grands efforts ont été tentés pour sauver du doute l'univers sensible; Reid et Pascal, notamment, ont invoqué, en sa faveur le *sens commun*. Mais leur sens commun est contraire à la raison.

De nos jours, la philosophie n'a généralement d'autre tâche que de soutenir le monde matériel et les principes de la religion naturelle. Partout dans nos chaires de l'enseignement philosophique universitaire, les professeurs s'accordent à présenter un même ensemble de doctrines convenues, stéréotypées, pour ainsi dire. Là, au fond du moins, pas d'initiative, pas de hardiesses possibles. Là chaque professeur est obligé de ressasser une foule de paralogismes imaginés pour étayer des principes que la raison rejette. Pourquoi un tel accord? Pourquoi tous viennent-ils assurer, par exemple, que la volonté humaine est libre? Pourquoi tous invoquent-ils, en faveur du libre arbitre, la voix de la conscience, le sentiment moral, qui pourtant ne prouvent rien? Pourquoi, pour combattre cette objection, que l'on ne se détermine pas sans motifs, osent-ils tous opposer le lieu commun de la liberté d'indifférence? Pourquoi.....? — D'abord, tout cela est dans leur programme; mais ensuite, nourris avec ces idées, qui sont comme enracinées dans leur esprit, il sont de bonne foi; ils admettent, généralement du moins, ce qu'ils enseignent ; ils veulent le croire : le scepticisme, l'idéalisme qui va jusqu'à mettre en doute ou nier les corps, les phénomènes physiques, la durée, les changements, la vie psychologique, la liberté morale, l'existence de Dieu, d'un être suprême rémunérateur et vengeur, leur paraissent très-fâcheux. Se passionnant pour ces points de doctrine qu'ils proclament chaque jour, ils ne sont guère capables de prêter l'oreille aux raisonnements qui tendent à les renverser.

A cette objection bien sensée, qu'on ne se détermine pas sans motifs, et qu'on n'est pas maître d'avoir ou de n'avoir pas les motifs qu'on a, ils répondent tous que l'homme pèse ses motifs. Mais qu'importe donc que je pèse mes motifs? Je les pèse avec ma balance, celle de mon esprit ou de mon cœur, et je ne suis pas maître d'avoir une autre balance. Or, apparemment elle doit pencher du côté où se trouvent les poids les plus pesants, c'est-à-dire les motifs déterminants. A cela nos professeurs répondent imperturbablement que l'on ne peut assimiler les forces de l'intelligence aux forces physiques. Pauvre expédient, messieurs! Est-il vrai qu'il n'y a pas d'effet sans cause? Ce principe n'est-il pas vrai, n'est-il pas invoqué par vous-mêmes aussi bien dans la sphère intellectuelle que dans celle du monde extérieur? Eh bien! si, quand je me suis déterminé, ma balance intellectuelle pouvait aussi bien pencher d'un côté que de l'autre, il n'y a pas eu de cause pour qu'elle ait penché du côté où elle l'a fait; il y aurait donc eu un effet sans cause : proposition absurde.

On parle de voix intérieure qui nous crie que nous sommes libres. Pour moi, j'ai beau écouter cette voix, je ne l'entends point, et je suis convaincu qu'il en est ainsi de ceux qui l'invoquent. Seulement, ils veulent êtres libres et, pour soutenir qu'ils le sont, ils recourent à une figure, à une expression métaphorique qui impose à l'irréflexion, non pas à la raison. Le remords qui assiége le vice, le crime, ne prouve point la liberté; il montre tout au plus que l'on se croit libre, non point qu'on l'est réellement. D'ailleurs, on peut bien aimer la vertu, haïr le vice, tels qu'on doit les concevoir, sans croire au libre arbitre. Le regret d'avoir commis une faute n'exclut donc pas le fatalisme.

Mais d'ailleurs, je l'ai dit et le répète, la volonté n'est que sentiment, qu'un désir prononcé, dominant, et comment veut-on qu'un sentiment puisse agir; que par ma volonté, mon désir de peser mes motifs et de me déterminer ensuite, j'agisse sur moi de manière à y produire une détermination ? On a dit, il est vrai, que l'âme est sentiment, pensée, volonté, etc.; mais cela n'est point : l'âme est un être qui sent, pense, veut; il n'y a point quelque chose qui soit pensée, volonté, sentiment. Le sentiment résulte de la substance de l'âme, mais n'est point cette substance même; il n'est même pas une qualité *substantielle* de l'âme. Enfin, et ceci tranche radicalement la question, l'âme est sans durée, comme elle est sans étendue, je l'ai démontré d'une manière irréfutable; or, il est évident que ce qui est sans durée ne peut changer, ne saurait agir sur soi-même, se modifier aucunement.

Contre le fatalisme, on a élevé mainte objection; ainsi, on a dit que la nécessité des déterminations enlèverait toute moralité aux actes humains, que par conséquent la société n'aurait pas le droit d'infliger des peines, car il n'y aurait pas de coupables. J'ai réfuté cette objection, dans l'exposé de mon système. J'ai fait observer que l'on ne peut contester à la société le droit de prendre les mesures nécessaires à la sûreté de ses membres, de sévir conséquemment contre les malfaiteurs, non pas vraiment pour les *punir* de leurs méfaits, mais pour les mettre dans l'impuissance de lui nuire. Les bêtes féroces sont-elles libres? Non, et cependant on se croit en droit de les traquer, de les exterminer. Dire que, dans la doctrine du fatalisme, il n'y a plus ni vice ni vertu, c'est se livrer à une vaine chicane de mots. Le sentiment moral, dans sa généralité, consiste à vouloir le bien, à ne pas vouloir le mal d'autrui, à aimer les actes apparents, les déterminations qui se conforment à ces sentiments, à être peiné au contraire des actes et des résolutions qui les méconnaissent, les blessent. Le sentiment moral est une sorte d'affection qui, pour être, n'a pas besoin du libre arbitre, de cette chimérique liberté qu'on revendique pour l'homme avec tant de passion et de persévérance. Seulement, s'il était reconnu que l'homme n'est pas libre, on ne penserait plus que la *justice* réclame une *récompense* pour la vertu, une *peine* pour le vice.

Alors, s'écriera-t-on, le vice n'aurait plus de frein, la vertu plus de stimulant capable de la soutenir, car elle n'aurait plus à espérer une juste récompense dans une vie future. La religion ne viendrait plus lui apporter ses consolations, ses douces promesses. L'humanité tomberait dans la barbarie, dans tous les désordres et tous les maux.

L'on ne peut invoquer aucune règle touchant l'ordre, la marche de nos affections, aucune loi qui règle la nature des motifs et des résolutions. Toutefois, supposant la réalité des lois auxquelles la nature humaine me semble soumise ; supposant d'ailleurs la réalité des objets, des causes qui me semblent exister, voici ce que j'ai répondu à cette objection dans l'introduction de l'exposé de mon système :

« Les religions ont occasionné bien des calamités, fait répandre bien du sang. Je conviens néanmoins que souvent elles ont été un puissant secours pour la morale, et même j'admets que généralement dans leurs influences le bien, tout considéré, l'a emporté sur le mal. Le christianisme notamment, en prêchant la fraternité humaine, a fait de grandes choses. Mais alors la foi était vive. Considérez attentivement les peuples où la civilisation est avancée, et vous verrez que le doute, en matière religieuse, a pénétré dans les masses. Or, la religion, dans cet état des esprits, est presque sans efficacité. Vouloir raviver la foi religieuse, c'est vouloir faire rétrograder la raison. Le progrès de la raison atténue de plus en plus cette croyance aveugle et fausse que l'on s'efforce de vivifier et de propager, mais aussi son utilité décroît dans la même proportion, et il arrivera sans doute un temps où elle serait partout superflue ; car la moralité des hommes est en général proportionnée au degré de développement de leur raison. Ils font en effet un mauvais calcul ceux qui cherchent le bonheur dans le vice, dans le crime ; ce n'est pas là qu'il se trouve : rarement on l'obtient par des moyens déshonnêtes.

» Ce que la plupart des hommes redoutent plus que l'enfer, ce qui les contient surtout, c'est la crainte des peines qu'infligent les lois humaines. Or les hommes qui adopteraient ma doctrine ne seraient point à l'abri de cette crainte, car il leur semblerait que des lois pénales existent, reçoivent leur exécution, et les atteindraient eux-mêmes s'ils venaient à les enfreindre.

» Il y a d'ailleurs d'autres mobiles pour retenir les hommes dans la voie morale ; telle est la considération des avantages que la vertu, quoiqu'on en dise, obtient presque toujours en ce monde ; tels sont encore la peine que l'on éprouve à nuire, à cause des souffrances aux autres, et le plaisir que l'on trouve à leur faire du bien. Ces mobiles ne sont pas, en général, forts actifs, mais c'est qu'ils sont presque toujours étouffés par le besoin, par la misère. Substituez l'aisance, le bien-être au dénuement, aux pri-

vations qu'endurent une grande partie de l'humanité, et vous
n'aurez pas à déplorer et à punir une foule de délits et de crimes qui vous affligent, et vous ne sentirez pas le besoin de me-
nacer les hommes des colères célestes. Alors les hommes, loin de
se nuire, de se déchirer, s'aimeront, s'entr'aideront, car ils y sont
naturellement portés. Or, cette aisance, ce bien-être viendront
sans doute, grâce aux efforts éclairés et persévérants des amis de
l'humanité.

» Non, les peuples ne sont pas destinés à subir éternellement
les terreurs religieuses. Un jour arrivera où cesseront entièrement
ces sombres menaces et toutes ces vaines pratiques, dont ils sont
tourmentés, fatigués, attristés. Alors seront rendues à la société
une foule de personnes qui passent leur vie en prières stériles,
en prédications où la raison est sacrifiée. Alors disparaîtront de
la terre les maux de la superstition et du fanatisme, tant d'abus
déplorables, tant de coupables machinations qui prennent le
masque de la piété, et qui, on l'a dit souvent, n'en sont que plus
dangereuses et plus détestables.

» Prêtres et moralistes, bornez-vous à dire aux hommes : Si
vous êtes injustes et méchants, vous serez malheureux en ce
monde, du moins vous compromettrez votre bonheur, vous vous
exposerez à des représailles et à la répression des lois ; en
proie aux reproches, aux tourments de votre conscience, vous
serez déconsidérés, méprisés, redoutés, vous n'aurez plus d'amis,
plus de sympathies, plus de secours dans le malheur. Soyez
justes et bons, car c'est le plus sûr moyen d'être heureux ; vous
jouirez de l'estime et de l'amour d'autrui ; vous aurez la paix, les
joies de la conscience, vous recevrez probablement des secours,
des bienfaits, en reconnaissance de vos bonnes actions, en témoignage des sentiments que vous aurez inspirés ; vous goûterez, et
c'est la plus noble récompense, vous goûterez le plaisir, le bonheur de faire des heureux. Dites cela souvent, montrez bien cela
aux hommes, et vous leur enseignerez une morale dont les fruits
vaudront bien, ce me semble, ceux qui naissent de la crainte de
l'enfer, de l'espoir des célestes récompenses... »

Et un peu plus loin : « Vous promettez une éternelle félicité
aux hommes qui auront vécu suivant la loi de Dieu ; mais en
même temps vous menacez ceux qui s'en écarteraient d'une éternité de souffrances, de châtiments terribles. Et il le faut bien,
car si la justice réclame des récompenses pour la vertu, elle ré-

clame de même des peines pour les coupables, et d'ailleurs vous ne croiriez pas agir assez puissamment sur les mauvaises passions si vous vous borniez à promettre des récompenses aux justes. Vous avez même le soin de déclarer qu'un seul péché, que vous appelez *mortel*, peut nous fermer le ciel, nous précipiter dans l'enfer.

» Notre bonheur à venir, dites-vous, dépend de notre volonté. Mais qui donc est assuré de ne jamais céder aux mauvais penchants, aux passions qui poussent dans la voie du mal? Qui peut se dire : Je ne puis manquer de vivre sans reproche, sans avoir sur la conscience un seul de ces péchés que telles religions disent mortels? Les religions elles-mêmes permettent-elles de compter à ce point sur les forces de son âme? Non; d'après elles, l'humilité défend de se croire infaillible, il faut se tenir incessamment en défiance de soi-même, toujours trembler. Rappelons-nous ces paroles désespérantes que répètent souvent les ministres d'une religion : *Beaucoup d'appelés, mais peu d'élus*. Naguère j'ai entendu de bons catholiques s'écrier : *Je m'estimerais heureux, si j'étais assuré d'aller en purgatoire après cette vie* (1).

» Ainsi, les religions laissent l'homme incertain de son avenir : elles comportent généralement autant de crainte que d'espérance pour la vie future. Je ne saurais donc les regarder comme plus consolantes que ma doctrine, qui d'ailleurs n'exclut point la possibilité d'une vie future, comme je l'expliquerai bientôt.

» Sous plusieurs rapports, les religions sont fâcheuses, me paraissent porter atteinte au bonheur de l'homme!

» Suivant les religions, en effet, pour ne pas perdre ce bonheur éternel qu'elles font briller à nos yeux, l'on ne saurait s'imposer trop de sacrifices : souffrons tout plutôt que de compromettre notre salut; fuyons les plaisirs, ces redoutables écueils de la vertu; pensons toujours à Dieu, prions toujours pour conjurer le démon; mortifions-nous, souffrons en vue d'expier nos fautes et d'en obtenir le pardon. Que sont les biens de la terre en comparaison des délices ineffables de l'éternité! Il faut dédaigner, mépriser des biens infimes, passagers, périssables; il faut s'en

(1) Vainement on alléguerait que Dieu pardonne au repentir. Aux yeux de la justice, le repentir n'efface pas la faute. Si la bonté, si la clémence de Dieu pardonnait, elle bornerait sa justice. Dieu, qu'on suppose infini, ne saurait donc pardonner. D'ailleurs, personne ne peut être certain qu'il se repentira et obtiendra le pardon des fautes qu'il pourra commettre.

garder, craindre d'exposer pour eux une éternité de vrai bonheur, de félicité parfaite. Toutes nos passions doivent graviter
vers le ciel, patrie du juste : telles sont les inspirations de la foi
religieuse poussée jusqu'à ses dernières conséquences.

» Certes, de telles pensées, de semblables sentiments, qui se
trouvent plus ou moins, à divers degrés, dans les personnes ani-
mées de la foi religieuse, sont contraires au bonheur terrestre :
ils troublent, ils attristent la vie. L'espoir, la ferme espérance de
la félicité éternelle, n'est pas ordinairement une suffisante compensation de la perte de jouissances que ne réprouve pas la morale, et dont néanmoins l'ascétisme, la piété religieuse s'impose la
privation. Rarement cette même idée est assez vive pour donner le
bonheur ; bien souvent la tristesse, le dégoût de la vie l'accompagnent ; l'âme s'élance vers des régions qu'elle ne peut atteindre,
vers des biens qu'elle ne comprend pas : de vagues rêveries, et
souvent de pénibles aspirations, voilà ce qu'elle recueille alors.
Ce n'est pas là, tout considéré, qu'il faut chercher les heureux de
la terre. D'ailleurs, les ministres de Dieu nous répètent à l'envi
que le bonheur n'est pas de ce monde, que cette vie n'est, ne
doit être qu'une épreuve douloureuse imposée à l'homme pour
mériter le véritable bonheur qui attend le juste dans le ciel.

» Jusqu'à un certain point, les considérations que je viens de
présenter concernent aussi les hommes qui professent la *religion
naturelle*, qui prétendent trouver dans les lumières de la raison
la certitude d'un Dieu qui récompense et punit, et croient fer-
mement à une autre vie délicieuse ou tourmentée, en raison du
mérite ou du démérite que chacun y apportera. Chez eux aussi,
il y a incertitude, préoccupation pénible, trouble, agitation, et
souvent dédain, dégoût même des choses d'ici-bas, alors qu'ils
songent à l'avenir de peine ou de félicité qui va bientôt s'ouvrir
devant eux...

» La terre n'est pas, comme on le prétend, vouée au malheur ;
elle n'est point nécessairement une *vallée de larmes*. Soyons bons,
mais jouissons du présent ; efforçons-nous d'améliorer, de perfec-
tionner et dans l'ordre moral et dans l'ordre matériel ; espérons
mieux, espérons une vie future dans un meilleur monde ; mais
sachons apprécier ce que nous avons, car l'avenir est complètement incertain ; n'ayons pas toujours les yeux dirigés vers le ciel,
si nous voulons être heureux sur la terre. Oui, soyons bons, mais
aussi soyons gais, contents, heureux. »

7

En somme donc et tout pesé, l'humanité gagnera beaucoup un jour à être dégagée des croyances religieuses et à les remplacer par celles de la vraie philosophie, la philosophie purement rationnelle.

Pour repousser mon système, dira-t-on que les motifs qui y sont invoqués montrent seulement que l'intelligence humaine ne saurait s'élever jusqu'à la connaissance des causes réelles ; qu'il y a des mystères qu'il serait téméraire de vouloir sonder, expliquer, et qu'avant tout, il faut reconnaître la réalité des corps, des faits extérieurs, qui portent avec eux-mêmes la preuve de leur existence ? — Ce serait là un sophisme fondé sur une confusion d'idées. Si je nie le monde apparent, ce n'est point seulement, ce n'est point vraiment parce que je ne comprends pas son existence, les causes des phénomènes qui paraissent s'y produire, c'est parce que, aux divers points de vue où je me place, je vois *l'impossibilité rationnelle* qu'il existe, qu'il y ait en lui ou hors de lui des causes qui déterminent les faits apparents. *Ne pas comprendre* une chose n'est pas *comprendre qu'elle est impossible.* Il y a une différence énorme entre ces deux propositions. Moi aussi j'admets des mystères, des choses que je ne connais pas et ne peux connaître, comprendre : ainsi, j'existe, je suis immatériel et sans durée, et, je l'avoue, je ne connais point une telle manière d'être ; mais non-seulement ma raison ne proteste pas contre une telle existence, mais elle en proclame la nécessité, tandis qu'elle repousse *tout ce que j'ai nié* en l'invoquant.

Mon idéalisme s'appuie sur des bases incontestables, et l'on pourra aisément le reconnaître quand on voudra, sincèrement et avant tout, la vérité. Si l'identité des corps, du monde phénoménal, paraît si incroyable, si *absurde*, à la plupart des hommes, c'est qu'ils ne se sont pas mis au point de vue où l'idéalisme se place quand il conteste, quand il nie la réalité de ces objets. A leurs yeux, l'existence des corps, des objets extérieurs est évidente. Selon eux, il faut déraisonner, être *fou,* pour nier la réalité de ce qu'on voit, de ce qu'on touche. Aussi pour réfuter l'idéaliste, ils ne trouvent rien de mieux que de le *heurter*, suivant, en cela, l'exemple de Diogène le cynique, qui, pour prouver le mouvement nié par Zénon d'Elée, marchait ou plutôt croyait marcher ; comme si l'idéaliste niait que nous ayons des sensations, des sentiments ou idées de mouvements, de corps, de phénomènes physiques. Eh ! messieurs, comprenez donc bien la question avant de prétendre la résoudre !

Dans vos rêves, vous semble-t-il, oui ou non, que vous tou-
chez, voyez des corps, percevez des phénomènes ? Ces corps, ces
phénomènes, qui s'évanouissent alors que vous vous réveillez,
étaient-ils réels ? Non. Eh bien ! supposez que vous rêvez toujours, c'est-à-dire que les objets dont vous avez idée pendant ce
qui vous paraît être l'état de veille, n'ont pas plus de réalité
que ceux de vos songes, et vous serez au point de vue de la question. Or, suis-je insensé quand je démontre la non-réalité de
toutes ces choses ? Pesez les principes que j'invoque, et dites
quel est celui qui ne s'impose pas à l'esprit, qui n'est pas rationnel ? — Veuillez ouvrir votre intelligence à la vérité, et elle y
entrera aisément, je pense.

En dehors de la philosophie officielle, le matérialisme pur,
depuis quelque temps surtout, a trouvé quelques organes dans
la presse, et certes ce n'est pas là un progrès à mes yeux, car
loin de n'admettre que le monde matériel et phénoménal, je le
nie formellement, je nie la matière, l'espace, la durée, le changement, l'action ou influence réelle ; je n'admets en réalité que
des substances purement spirituelles, immuables, sans action,
sans durée.

Naguère, parmi les écrits périodiques qui ont arboré le dra-
peau du matérialisme, a figuré une feuille qui s'intitulait la *Libre
pensée* (1). Voici, en substance, quel était son programme :

« Affranchir l'esprit humain des hypothèses.

» Propager la connaissance des lois de la nature, qui peut seule
contribuer à rendre l'homme heureux et libre.

» Plus d'hypothèse *à priori ;* nulle autre méthode que la méthode expérimentale.

» La philosophie d'intuition, avec la psychologie, la morale
et la sociologie qui en découlent, a fait son temps.

» La philosophie n'est rien si elle n'est la généralisation, la
réduction des faits scientifiquement étudiés.

» L'homme est un objet d'histoire naturelle, et tout ce qui se

_____

(1) Cette feuille, frappée par une condamnation, a cessé de paraître. Je
n'ai point à exprimer ici mon opinion sur la valeur des considérants de ce
jugement. Je me borne à dire que, dans l'intérêt de la vérité, il est désirable que toute doctrine philosophique ou religieuse puisse être discutée,
jugée, pourvu toutefois que la discussion s'abstienne d'injures, de person-
nalités offensantes qui, loin de préparer le triomphe de la vérité, aigris-
sent les esprits, nourrissent et fortifient les dissidences.

rattache à l'homme ; *à quelque titre que ce soit*, est partie inté-
grante des sciences naturelles.

» La théorie, qu'on désigne encore sous le nom d'hypothèse
scientifique *à posteriori*, est basée sur des faits observés ; elle est
la généralisation *prématurée* d'une vérité démontrée par l'observation et l'expérience ; mais elle a toujours un caractère de pro-
babilité, et n'est en définitive qu'une impatience scientifique qui
pousse le chercheur à tenter le chemin de traverse de l'*à posteriori* pour aller plus vite au but présumé des recherches, en
attendant qu'on ait aplani jusque-là la grande route de l'expérience, la seule qui n'égare jamais.

» Cette hypothèse ne fait peser aucun joug sur l'intelligence
et n'entrave en rien la liberté de l'observateur ; si elle est juste,
l'expérience la consacre comme loi démontrée ; si elle est fausse,
on l'abandonne.

» Mais il est une autre sorte d'hypothèse, celle *à priori*, métaphysique, systématique, doctrinale, qui ne relève que d'elle-
même, n'a d'autre source que l'*imagination*, vaniteuse ou rêveuse,
de celui qui l'a émise, d'autres étais que l'affirmation du maître,
l'ancienneté de la tradition et l'insistance des disciples. Cette hypothèse prétend non à l'égalité, mais à la suprématie sur la loi
scientifique ; elle tranche de haut toutes les questions, veut em-
brasser, expliquer tous les faits.

» Bien loin d'être le commencement de la science, elle en
est la négation la plus absolue et la plus cynique. »

Que d'objections soulève ce programme !

Et d'abord, quoi qu'en ait dit la *Libre pensée*, elle-même a fait
des hypothèses *à priori* : à vrai dire elle n'a fait que cela en regardant et posant comme certaine l'existence réelle de la matière
et généralement des phénomènes du monde apparent. L'hypothèse est nécessairement le commencement des sciences physiques ; tout fait physique, n'étant pas évident en soi, est hypothé-
tique tant qu'il n'est pas démontré. Or, la raison, loin de pouvoir
démontrer la réalité des corps et des phénomènes, montre qu'elle
est impossible.

Qui ne sont pas des hypothèses, ce sont les vérités nécessaires,
ces axiomes d'intuition que notre esprit, non prévenu, libre de
préjugés, de passions, perçoit clairement et affirme. C'est sur de
tels axiomes qu'est fondée la vraie philosophie. La *Libre pensée*
s'était engagée dans une voie bien fausse et qui n'est aucune-

ment philosophique. Elle supprimait d'un trait de plume la *rai-son* même, car la raison proprement dite n'admet que les axio-mes d'intuition et les conséquences strictes qui en découlent. Ce n'est point mon *imagination vaniteuse ou rêveuse*, qui voit que le fait de sentir, de penser, d'avoir une idée est indivisible, ne peut se partager, qu'ainsi ce qui sent et pense est essentiellement in-divisible , ne pourrait conséquemment être matière, quelle que fût d'ailleurs l'arrangement, l'organisation de ses parties. Ce n'est point non plus par un caprice de mon imagination, que je con-clus, au point de vue de l'indivisibilité du sentiment , de l'idée, que l'âme n'a pas de durée , que conséquemment elle ne change pas, n'exerce aucune action ou influence sur elle-même. Ce n'est pas arbitrairement que je proclame qu'une substance réelle est par elle-même, qu'elle ne peut ni commencer, ni finir, ni chan-ger. Encore une fois, tous mes axiomes sont rationnels, c'est-à-dire nécessaires, inflexibles, absolus, et il en est de même des consé-quences que j'en ai tirées. Il en est ainsi des axiomes mathématiques. Ils ne sont points déduits de l'expérience, de l'observation. Indé-pendamment de l'expérience, de l'observation, je vois , par exem-ple , j'ai la certitude , que nécessairement le tout doit être plus grand que sa partie, et ainsi des autres axiomes de cet ordre. Ce n'est pas l'observation et l'expérience qui nous donnent la certitude, nous permettent d'affirmer qu'il ne peut y avoir aucun effet sans cause; en d'autres termes , qu'un phénomène ou changement quelconque ne peut être sans une cause qui le pro-duise.

Puisque rien ne change , ne dure , que l'être sentant n'est nulle part, et n'a aucune durée, il ne peut y avoir réellement ce que l'on conçoit comme la vie présente, et comme une future existence. Mais rien ne s'oppose à ce qu'on admette que notre sentiment comprend une succession, une série successive d'objets divers. Or, la série des objets sentis , en tant que dans le senti-ment, a dû commencer, car un infini accompli est inadmissible, mais elle peut ne pas finir. A ce point de vue , en ce sens, il est possible que nous obtenions non-seulement une vie future , mais une éternelle vie, ou une succession infinie d'existences. Ainsi je puis supposer que je cesserai d'avoir les sensations, les percep-tions que, suivant l'apparence, j'obtiens en ce monde, pour com-mencer un autre ordre de sensations , de perceptions , différentes au point de constituer un autre monde. Je puis faire la même supposition pour tous les êtres sentants , et concevoir, dans le même sens , une autre vie pour tous ces êtres. Il est supposable que tous ces astres qui paraissent briller dans l'espace sont autant de mondes habités ou destinés à l'être , que chacun de nous, en quittant la terre, c'est-à-dire en cessant de sentir comme il lui paraît que nous sentons sur ce globe, obtiendra des sensations et perceptions telles qu'il lui semblera habiter quelqu'un de ces mondes après avoir habité la terre. Il est de même supposable que, grâce au progrès de la civilisation, le bonheur qu'on goûtera dans cette ascension, dans cette sorte de pérégrination d'astre en astre, ira toujours en croissant, et que cette félicité progressive n'aura pas de fin. Rien n'empêche de l'espérer, et même, si nous en jugeons par analogie avec ce qui se passe ici-bas, où , tout bien considéré , le progrès semble être comme une loi de l'humanité , nous serons portés à penser que notre vie terrestre sera suivie d'existences progressives aussi, de plus en plus heureuses.

Mon système philosophique permet donc l'espérance d'une future, éternelle et heureuse existence, dans le sens que j'ai défini et répond ainsi à une des plus vives aspirations humaines. Il n'en est point de même des systèmes matérialistes qui font résulter l'être sentant, la personne , de l'organisation de la matière ; car, dans cette hypothèse, la personne finit par la désorganisation, par la mort.

La *Libre pensée*, dont le matérialisme absolu excluait la possibilité d'une autre vie réelle , a essayé de combler cette lacune. Suivant elle , l'estime, la considération , la gloire , en s'attachant à la mémoire des hommes qui ont vécu honnêtement, ou qui ont rendu à la société des services humbles ou éclatants, constituent comme une autre existence pour ceux qui auront mérité ces honorables témoignages. Mais c'est là une faible compensation qui ne peut effacer ce qu'il y a de triste, de fâcheux, pour l'homme dans l'assurance de finir absolument quand la mort viendra le frapper.

On ne manquera pas de m'objecter que si nous reconnaissons que les corps et les phénomènes externes n'ont aucune réalité objective, rien, dans ce monde idéal, ne peut plus nous intéresser, ne mérite qu'on s'en occupe , qu'on en fasse l'objet d'une science.

Il n'y a, répondrai-je, dans les sciences, que la métaphysique qui ait un *objet réel* : l'esprit, la substance *purement immatérielle*. Toutes les autres sciences sont seulement hypothétiques dans leur objet. Cela est vrai même pour les mathématiques, qui s'exercent sur des qualités divisibles, des propriétés qui se me-surent, se pèsent; mais nous ne saurions nous détacher com-plétement, continuellement de l'illusion qui nous montre les phénomènes physiques. Ils nous semblent réels, ils nous inté-resseront alors même que nous en reconnaîtrons l'idéalité. Nous caresserons, nourrirons ces chimères. Notre esprit ne sera pas toujours plongé dans la métaphysique. Habituellement l'illusion sera complète, et quand même elle ne le serait pas, nous conti-nuerions à étudier les corps, les faits apparents. Est-ce que la poésie ne vit pas de fictions? Est-ce que l'imagination ne se com-plait pas dans les illusions qui l'assiégent? Qui ne désire pas être bercé, pendant le sommeil, par des songes charmants? Les représentations théâtrales n'ont-elles pas la puissance de nous émouvoir ou de nous égayer? N'admirons-nous pas des tableaux, des statues? En tout cela nous payons tribut à l'illusion. Pour moi, il y a bien longtemps que je suis convaincu que tout n'est qu'apparence et illusion dans les objets de mes perceptions, et pourtant je n'ai pas cessé de m'intéresser vivement à ce monde, à m'occuper de ces faits apparents. La nature a tant de séductions! elle nous offre tant de variété et de contrastes, des scènes si at-trayantes, si grandioses, des détails si attachants, tant d'ordre et d'harmonie! Comment être insensible à ces merveilleuses chi-mères! Les objets, même quand je pense à leur idéalité, ne lais-sent pas de m'être agréables ou désagréables, et leur étude, les hypothèses, les théories qu'ils me suggèrent, récréent et élèvent mon esprit.

Pour preuve que ma métaphysique, que l'idéalisme absolu n'exclut pas l'étude des autres sciences, même des sciences phy-siques, je puis moi-même me prendre pour exemple; car, après avoir produit mon système philosophique, j'ai fait les livres sui-vants :

1° *Des vrais principes sociaux et politiques ;*
2° *Exposé des vrais principes des mathématiques ;*
3° *Discussions sur les principes de la physique ;*
4° *Qu'est ce que le soleil? Peut-il être habité?*

Et je déclare que c'est avec l'intérêt le plus soutenu que je me suis livré à ces travaux, où j'ai supposé la réalité du monde, des propriétés et phénomènes dont je me suis alors occupé.

Il y a d'ailleurs généralement en l'homme une aspiration profonde : il aspire à savoir ce qu'il y a de réel dans ce qu'il perçoit ou conçoit ; il ambitionne un système rationnel qui résolve les questions relatives aux causes premières. Si donc il éprouvera quelque peine en reconnaissant la non-réalité du monde apparent, il en sera bien dédommagé par le contentement intellectuel qui résultera de la solution obtenue des hauts problèmes de la métaphysique, et d'ailleurs, je le répète, habituellement on sera dans une illusion complète sur l'existence des choses. Ce sera seulement quand on philosophera, qu'on songera à l'idéalité des objets.

Il viendra un temps, bien éloigné sans doute, où ma doctrine ne sera pas celle d'un homme, mais celle de la grande généralité des hommes. Alors il n'y aura guère que les *insensés*, les *fous*, qui pourront croire à la réalité du monde phénoménal ; alors néanmoins on cultivera les sciences physiques, mais en reconnaissant qu'elles ne sont qu'*hypothétiques*. En ce temps-là, un professeur de physique ne viendra point, dans son cours, soutenir la réalité de la matière et du mouvement. S'il agite cette question, il la résoudra négativement, et cependant ses élèves, grâce à l'illusion, suivront avec une attention sympathique toutes les phases de son enseignement, ils s'intéresseront vivement aux expériences apparentes qui se dérouleront devant eux et aux explications théoriques du professeur. *O tempora ! o mores !*

II.

D'une note sur la théorie de la chaleur dans l'hypothèse des vibrations, et sur les forces moléculaires, présentée par M. Babinet à l'Académie des sciences (1).

Suivant M. Babinet, c'est maintenant une vérité admise que la chaleur, comme la lumière, a pour principe un mouvement vibratoire des *molécules des corps*.

« Dans toutes les communications de mouvement, dit-il, quand on admet une élasticité parfaite, la force vive totale se conserve en se partageant; elle représente donc la lumière et la chaleur dont la somme reste constante. C'est ce qu'a établi Fresnel pour la lumière.

» Je définis la chaleur d'une molécule comme étant sa force vive, c'est-à-dire sa masse par le carré de sa vitesse. Deux molécules sont en équilibre quand elles ont la même force vive. Alors elles échangent à distance ou au contact des quantités égales de chaleur, et si on les place dans la même enceinte, elles produiront le même rayonnement.

» Soient O une molécule d'oxygène ayant une vitesse v, et H une molécule d'hydrogène ayant une vitesse v' : ces deux molécules auront la même quantité de chaleur et la même température si l'on a

$$Ov^2 = Hv'^2.$$

» La molécule d'oxygène étant 16 fois en poids la molécule d'hydrogène, il faudra que v'^2 soit 16 fois v^2, et pour cela il suffira que v' soit quatre fois v......

» Fresnel a pris, pour mesure de la force vive d'une molécule vibrante, le carré de la vitesse maximum du mouvement vibratoire,

(1) Séances des 8 octobre, 22 octobre et 26 novembre 1866.

savoir : $V^2 = fE^2$ (E étant l'écart maximum); en réalité, la force moyenne n'est que la moitié de mV^2 (m étant la masse du mobile oscillant). Il n'y avait à cela aucun inconvénient, puisqu'on n'avait besoin que de quantités proportionnelles. Mais, strictement parlant, on doit prendre, pour la force vive d'une molécule vibrant élastiquement, la force vive moyenne ou la quantité $\frac{1}{2}mV^2$, m étant la masse de la molécule.

» *Loi de Petit et Dulong sur la chaleur spécifique des corps simples.* — Si un atome m est doué d'une vitesse vibratoire v, et qu'il ait une force vive moyenne $\frac{1}{2}mv^2$, il sera en équilibre de température avec un autre atome m' ayant pour force vive $\frac{1}{2}m'v'^2$, si l'on a

$$mv^2 = m'v'^2.$$

A une autre température, les deux atomes seront encore en équilibre de chaleur si l'on a

$$mu^2 = m'u'$$

(u *et* u' étant les nouvelles vitesses vibratoires); il s'ensuit que

$$mv^2 - mu^2 = m'v'^2 - m'u'^2.$$

Le premier membre de cette équation représente la chaleur perdue par le premier atome m, et le second la chaleur perdue par l'atome m'. Ainsi, ces deux atomes, entre deux températures données, prendront ou abandonneront les mêmes quantités de chaleur.

» *Nota.* D'après les travaux de M. Regnault, la loi subsiste approximativement pour des molécules composées d'une manière semblable entre elles. On voit facilement qu'il peut y avoir ici des forces vives produites par les vibrations des atomes entre eux, indépendamment du mouvement général de l'ensemble de la molécule. C'est ce que, avec Dulong, nous appelions *forces vives secondaires....*

» D'après ma théorie, toutes les molécules vibrant isolément (prises à la même température) ont la même quantité de force

vive et de chaleur , quel que soit l'état du corps solide, liquide
ou gazeux ; et la définition d'*une* unité de chaleur, c'est la quantité de force vive que possède une molécule à une température
de 1 degré centigrade au-dessus de la force vive de la même molécule à zéro.

» *Effet de la liaison et de la dissociation des atomes.* — Imaginons un atome vibrant pour la lumière ou pour la chaleur ;
ses vitesses seront successivement

$$0, +1, 0, -1,$$

ce qui donne pour les forces vives

$$0^2 + 1^2 + 0^2 + 1^2 \text{ ou bien } 2,$$

et cela pour quatre instants. La force vive moyenne qui corres-
pond à un rayonnement égal à l'unité serait donc égale à 2 pour
quatre instants ou bien à $\frac{1}{2}$ comme valeur moyenne pour chaque
instant. Pour plus de simplicité, nous prendrons, avec Fresnel ,
pour mesure du rayonnement lumineux ou calorifique, la force
vive maximum égale à 1.

» On voit de suite que deux sources de lumière ou de chaleur
rayonneront ensemble avec une force double du rayonnement de
chacune d'elles. En effet, quand elles donneront des vitesses dans
le même sens, savoir : $+1$ et $+1$ ou bien -1 et -1, la
force vive sera

$$(1+1)^2 = 4 \text{ ou bien } (-1-1)^2 = 4.$$

Mais quand l'une des sources donnera une vitesse $+1$ et la seconde une vitesse -1, ou quand la première donnant une
vitesse -1, la seconde donnera une vitesse $+1$, la résultante
sera zéro, et la force vive nulle. Donc, pour quatre instants successifs , la force vive sera $4+4+0+0 = 8$, et par suite une force
vive moyenne $= 2$ pour chaque instant. Ici nous n'avons pris
que les cas extrêmes ; mais dans l'optique, Fresnel, Young, Airy
et moi-même nous avons fait le calcul complet qui donne le

rayonnement combiné de deux sources indépendantes égal en force vive à la somme des rayonnements partiels.

» Lions maintenant l'une à l'autre les deux sources de vibrations; les deux vitesses combinées seront toujours $+1+1=2$ ou bien $-1-1=2$. Les deux carrés sont toujours 4 et la force vive moyenne est égale à 4 au lieu d'être égale à 2.

» Réciproquement si l'on rend indépendantes les vibrations de deux sources de rayonnement, on passe de la force vive égale à 4 à la force vive égale à 2, et le rayonnement est réduit à moitié en même temps que la force vive moyenne.

» Ceci nous donne la mesure de la force vive totale des molécules des corps ainsi qu'il suit :

» Je considère de l'eau à zéro et qui passe à l'état de vapeur. On sait qu'alors la molécule d'eau se divise en deux, puisque 2 volumes d'hydrogène et 1 volume d'oxygène font 2 volumes de vapeurs d'eau. La force vive sera donc réduite à moitié, et, pour avoir de la vapeur à zéro, il faudra lui ajouter une quantité de force vive égale à la moitié de ce qu'elle avait avant le partage de la molécule. Cette quantité, d'après une détermination précieuse de M. Regnault, est de 607 unités de chaleur. Ces 607 unités de chaleur font passer l'eau de zéro liquide à zéro vapeur. Le double, ou 1214 unités, représente donc la force vive totale d'une molécule d'eau ou de toute autre substance prise à zéro. Si l'on pouvait enlever à une molécule prise à zéro environ 1200 fois la quantité de chaleur ou de force vive qui la ferait passer de zéro à $+1$ degré centigrade, elle serait à zéro de force vive et de chaleur. Alors les molécules n'auraient plus de vibration et seraient dans un état entrevu par Thomas Young.... Nous prendrons en nombre rond 1200 unités de chaleur pour la chaleur totale d'une molécule à zéro, ce qui veut dire 1200 fois la quantité de chaleur ou de force vive qui ferait passer une molécule de zéro à 1 degré centigrade. C'est ce qu'on appelle ordinairement une *calorie*.

» Si nous combinons ensemble deux molécules qui par suite vibreront d'accord étant liées chimiquement, leur force vive sera doublée, et, pour revenir à la température primitive, il leur faudra perdre une quantité de force vive ou de chaleur égale à ce que possédait primitivement chaque molécule, c'est-à-dire 1200 unités de chaleur. C'est en effet (après les réductions convenables) ce que donnent toutes les combinaisons chimiques où l'on peut avoir d'une part la chaleur des deux molécules, et de l'autre ce que donne de chaleur la combinaison chimique....

» Il faut bien se figurer que ce ne sont pas les forces moléculaires ordinaires qui peuvent donner des mouvements vibratoires assez rapides pour produire la chaleur et la lumière. L'élasticité ordinaire produit le son et les vibrations infiniment moins rapides que celles de la lumière et de la chaleur. Toutes les molécules sont au moins biatomiques, et c'est la rotation des atomes composants autour du centre de gravité de la molécule qui produit les rayonnements lumineux et calorifiques... On sait que la projection d'un mobile qui parcourt un cercle d'un mouvement uniforme est analogue au mouvement du pendule. L'oxygène O sera constituée par deux atomes $\frac{1}{2}$ O $+$ $\frac{1}{2}$ O tournant à l'entour l'un de l'autre, et dans une masse d'oxygène il y aura une infinité de rotations moléculaires dirigées dans tous les sens. La chimie pourra dissocier $\frac{1}{2}$ O de $\frac{1}{2}$ O pour lier ces deux demi-atomes à d'autres atomes. Ainsi l'eau qui est H^2O pour l'analyse chimique, pourra être considérée mécaniquement comme $\frac{1}{2}$ O avec H, plus $\frac{1}{2}$ O avec un autre atome H, ce qui fera deux molécules distinctes. D'après le rapport connu entre les volumes gazeux et les atomes, on voit facilement comment deux volumes d'hydrogène H+H et un volume d'oxygène O font deux volumes de vapeur d'eau, savoir $\frac{1}{2}$ O avec H et $\frac{1}{2}$ O avec H.

» Les molécules mêmes des corps simples doivent être au moins biatomiques pour avoir des mouvements de vibration assez rapides pour produire la chaleur et la lumière que les forces moléculaires de cohésion et d'élasticité seraient impuissantes à produire. Une molécule qui émet de la lumière fait par seconde 561 millions de millions de vibrations pour le rayon intermédiaire entre le jaune et le vert. »

Sur les forces moléculaires, M. Babinet s'exprime ainsi :

« La répulsion est, comme l'attraction, une propriété *inhérente aux parties de la matière.* Cette force, tantôt augmentée, tantôt diminuée par l'action de la chaleur, se rapporte à l'impénétrabilité comme l'attraction se rapporte à la cohésion. Si nous prenons une tige solide, par exemple, une tige métallique, et si nous tirons en sens contraire les deux extrémités, il se manifeste une cohésion ou attraction qui résiste à la séparation des molécules du corps. Si au contraire on essaye de rapprocher les deux extrémités de la tige, il se manifeste une violente répulsion entre

les molécules, et tout le monde sait que, passé les limites de
l'élasticité parfaite, la force répulsive qui maintient les molécules à distance est infiniment plus énergique que la cohésion qui
les unit ; en effet, cette cohésion peut toujours être surmontée ,
et la tige peut toujours être brisée par traction , tandis que la
répulsion produit une résistance invincible au rapprochement
indéfini des molécules qui produit l'impénétrabilité à distance :
c'est la même chose pour les liquides. Dans les gaz, la répulsion
ou élasticité subsiste encore au delà des limites où la cohésion
n'est plus sensible ; mais dans un éloignement encore plus grand,
l'attraction astronomique agit encore quand la répulsion ou élasticité semble tout à fait anéantie. Remarquons que, dans l'état
ordinaire des corps, l'attraction est balancée et équilibrée par la
répulsion. Cette dernière force est *aussi inhérente que l'autre à
l'essence de la matière.*

» La chaleur agit, pour modifier ces forces, d'une manière assez complète , puisque tantôt elle produit une contraction,
comme dans l'eau à zéro et le bismuth, tantôt une dilatation,
comme cela a lieu dans le plus grand nombre des cas.... »

Cette théorie me paraît inadmissible.

M. Babinet est-il dans le vrai quand il assure que c'est maintenant une vérité admise que la chaleur, comme la lumière , a
pour principe un mouvement vibratoire *des molécules des corps?*
— J'admets bien que la lumière et la chaleur résultent de vibrations, sont des mouvements vibratoires . mais ces vibrations,
ces mouvements vibratoires calorifiques et lumineux, je les attribue, non pas aux molécules des corps, mais à un fluide particulier, à l'éther dont les particules se repoussent respectivement.

L'élasticité, notamment, on l'a vu dans ma note précédente ,
ne peut s'expliquer sans supposer ce fluide, et sans admettre de plus
que les molécules des corps s'attirent, exercent entre elles une force
de cohésion qui tantôt est surpassée par la force de répulsion ten-
dant à écarter les parcelles du fluide intermoléculaire et par suite
les molécules des corps, et tantôt au contraire domine cette force
de répulsion, de telle sorte que les molécules tendent alors à se
rapprocher de plus en plus sans pouvoir toutefois se réunir, se
mettre en contact absolu, à cause des parcelles d'éther qui res-
tent entre elles et qui exercent toujours, jusqu'à un certain point,
leur puissance répulsive.

Si d'ailleurs quelques physiciens refusent d'admettre l'éther, ét croient pouvoir expliquer sans lui les phénomènes de la lumière et de la chaleur, je crois qu'il y en a un plus grand nombre qui recourent à ce fluide pour cette explication ; seulement ils ne s'accordent pas complétement sur ses propriétés, sur son mode d'action, et leurs théories, à ce sujet, laissent à désirer plus ou moins.

Il n'est pas possible que la répulsion soit, ainsi que l'attraction, une propriété inhérente aux parties de la matière, comme le croit M. Babinet. Cela est énergiquement repoussé par ma raison. Elle m'affirme qu'une même partie de matière ne peut avoir deux propriétés opposées, celle d'attirer et celle de repousser une autre partie. Une telle notion implique contradiction. Il faut opter. Si une partie *a* attire une autre partie *b*, elle ne peut être telle que de plus elle la repousse : sa nature étant une, n'étant pas double, elle ne saurait à la fois repousser et attirer une autre partie dont la nature est également une.

Si deux molécules *a* et *b* sont composées chacune de plusieurs atomes animés d'un mouvement rotatoire les uns autour des autres ou d'un centre commun, je conçois que les rotations des atomes de *a* et de *b*, suivant la position et la direction de ces atomes, pourront, jusqu'à un certain point, retarder plus ou moins l'effet des répulsions ou des attractions mutuelles des atomes de *a* et de *b*, et de ces molécules elles-mêmes ; mais je ne vois point que cela doive avoir pour résultat d'accroître la distance de ces deux molécules ; pourtant la chaleur a généralement l'effet de dilater les corps, d'augmenter la distance intermoléculaire, et parfois cet accroissement de distance est énorme.

Parce que 2 volumes d'hydrogène et 1 volume d'oxygène font 2 volumes de vapeur d'eau, il ne s'ensuit pas que, quand l'eau à zéro passe à l'état de vapeur, la molécule d'eau se divise en deux. Un tel partage est contraire à ce qui est généralement admis dans la science. On admet que la dilatation, la vaporisation de l'eau éloigne les unes des autres les molécules de ce liquide sans les diviser, sans en changer essentiellement la composition.

Il est aisé de concevoir que les molécules d'hydrogène et celles d'oxygène étant de masses inégales et de natures différentes, les attractions qu'elles exercent les unes sur les autres soient inégales aussi, qu'il en résulte des espaces plus ou moins grands entre elles, et que telle soit la cause de l'inégalité de volumes qu'elles affectent les unes et les autres, quand une certaine quantité de molécules d'hydrogène, d'oxygène, ou à la fois d'hydrogène et d'oxygène, se trouve à telle ou telle température, à l'état gazeux, liquide ou solide. Ainsi, un volume d'hydrogène pourrait être inférieur en poids ou masse à un volume moindre d'oxygène, dans la proportion reconnue par l'expérience, et l'on concevrait que deux volumes d'hydrogène et un volume d'oxygène fissent seulement, par leur combinaison, deux volumes de vapeur d'eau.

Au reste, je ne nie pas que la molécule d'eau soit composée de plusieurs atomes d'oxygène et de plusieurs atomes d'hydrogène. Un équivalent chimique peut être multiple, et cela est notamment pour l'oxygène, car il y a des combinaisons où l'oxygène concourt pour un équivalent et demi, et que, pour cela, on nomme sesquioxydes. Il en est de même pour l'équivalent de chlore, puisqu'il y a des sesquichlorures.

Cette étrange hypothèse, que les rayonnements calorifiques ou lumineux consistent en une rotation des atomes composants autour du centre de gravité de la molécule même, me paraît complétement gratuite et inadmissible. D'abord, il faudrait indiquer quelque cause plausible de cette rotation, ce qui serait difficile. Je pense que M. Babinet ne s'explique point cette étonnante vitesse rotatoire qui, selon lui, exécuterait 561 *millions de millions de vibrations par seconde*. De plus, il serait impossible, dans cette hypothèse, de rendre compte de la transmission ou propagation de la chaleur et de la lumière ; car on ne saurait prétendre que la rotation atomique d'une molécule doit agir sur la molécule voisine de manière à déterminer ses atomes composants à tourner eux-mêmes autour de son centre.

Au contraire, rien de plus facile que d'expliquer la transmission de la lumière et de la chaleur dans l'hypothèse d'un fluide éthéré dont les parcelles se repoussent mutuellement.

Dans l'hypothèse des vibrations de l'éther, je me rends aisément compte de l'accroissement de chaleur qui se produit dans les combinaisons chimiques. Je conçois aussi, dans la même hypothèse, qu'une décomposition puisse elle-même produire de la chaleur. J'ai, plus haut, dans ma réponse à M. Trouessart, donné des explications sur ces divers points.

Invoquera-t-on, en faveur de la théorie que je critique, la concordance des résultats obtenus par son application, avec les calculs fondés sur l'observation ? — Je résisterais à cette considération. Premièrement, l'accord n'est point complet. L'auteur lui-même, pour la combinaison de l'hydrogène, a trouvé, pour Q (quantité totale de force vive d'une molécule à zéro), 1276, au lieu de 1214 ; pour la combustion de l'oxyde de carbone, Q serait, selon lui, égal à 1256, au lieu de 1214. Des différences de $\frac{1}{20}$ et $\frac{1}{28}$ ne sont pas insignifiantes.

De plus, il n'est pas besoin d'attribuer aux molécules mêmes des corps les mouvements calorifiques ou lumineux pour concevoir que les molécules puissent, dans les combinaisons, influer généralement en raison de leurs masses sur la production de la chaleur. En général, les molécules peuvent bien avoir d'autant plus d'affinité entre elles que leurs masses sont plus considérables. De cette manière, on peut bien, dans la théorie que je soutiens, admettre que l'agitation du fluide intermoléculaire, quand la combinaison se produit, est ainsi à peu près en proportion des masses qui s'unissent.

M. Trouessart, nous l'avons vu dans la note précédente, croit pouvoir expliquer la *cohésion* par la rotation moléculaire, tandis que M. Babinet invoque cette rotation pour rendre compte de la chaleur, qui a généralement un effet *contraire à la cohésion*. Pour moi, je crois que la rotation moléculaire n'explique ni la cohésion ni la chaleur.

Poitiers. — Imp. de N. Bernard.

8

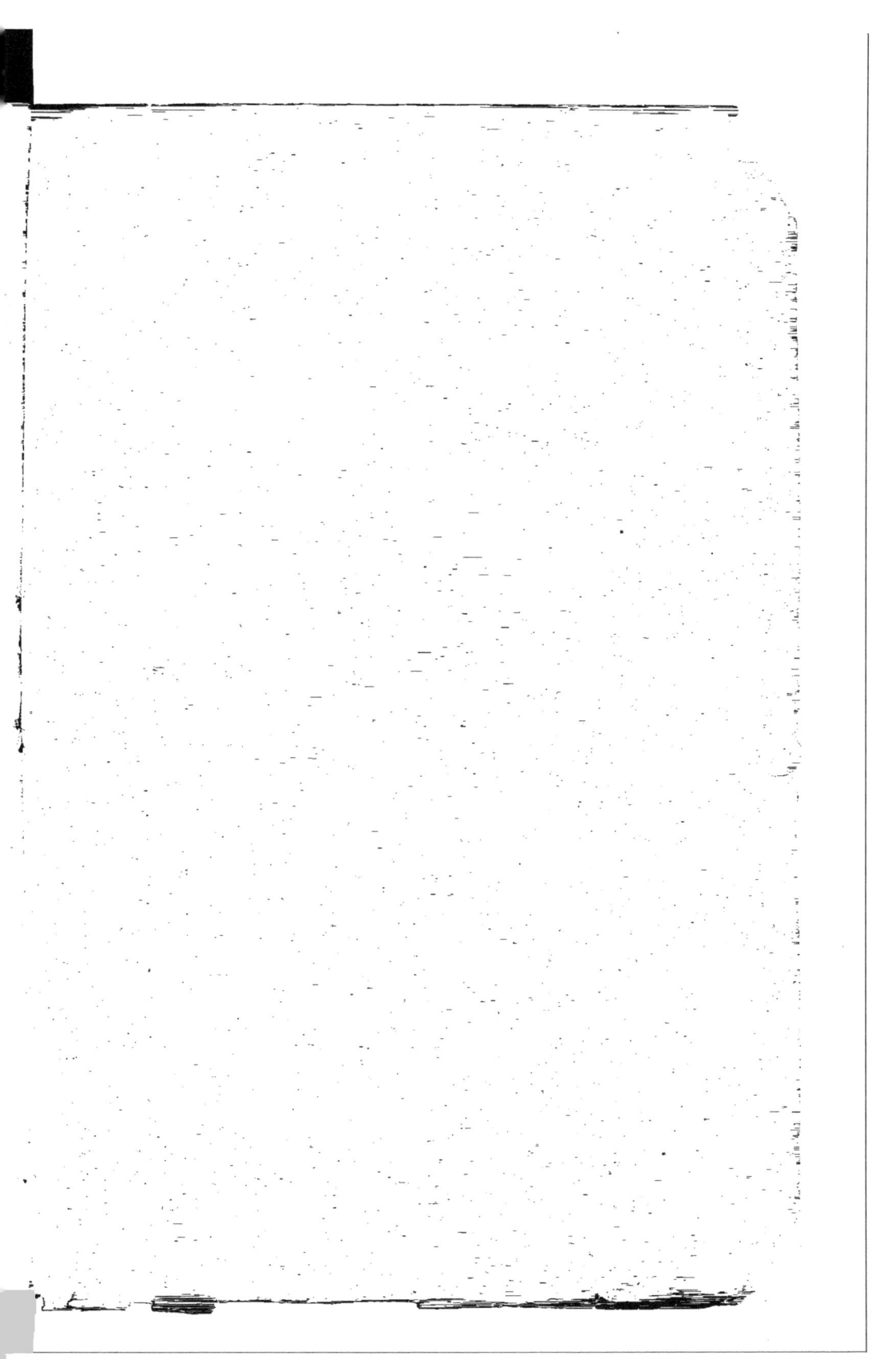

OUVRAGES DE M. COYTEUX.

Discussions sur les principes de la physique, examen critique des principales théories ou doctrines admises ou émises en cette science, et explications proposées par l'auteur. 1 fort volume in 8°, avec planches ; prix : 10 fr.

A Paris, chez Gauthier-Villars, successeur de Mallet-Bachelier, quai des Augustins, 55.

Exposé des vrais principes des mathématiques, examen critique des principales théories ou doctrines admises ou émises en cette science, et réflexions au sujet de l'enseignement des mathématiques. 1 vol. in 8°, avec planches ; prix : 7 fr. 50 c., chez le même libraire.

Qu'est-ce que le soleil? Peut-il être habité? 1 vol. grand in-8°, avec planches, chez le même libraire.

Exposé d'un système philosophique, suivi d'une théorie des sentiments ou perceptions, et de critiques et réflexions philosophiques. 1 vol. in-8°, 3e édition. — A Paris, chez Penaud et Jolly, libraires, rue Visconti, 22.

Des vrais principes sociaux et politiques, et des principales questions relatives à leur application. 1 fort vol. in 8°, 2e édit. ; à Poitiers, chez l'auteur, rue de la Chaîne, 9.

www.ingramcontent.com/pod-product-compliance
Lightning Source LLC
Chambersburg PA
CBHW060603100426
42744CB00008B/1296